新潟から問いかける原発問題

福島事故の検証と柏崎刈羽原発の再稼働

池内 了

明石書店

目　次

はじめに――本書を執筆するにあたって

本来なら、私は「新潟県原子力発電所事故に関する検証総括委員会」の委員長として、その報告書を提出する任務を全うするつもりであった。ところが、その作業にとりかかる前の2023年3月31日をもって、「任期切れ」により委員長を解任されてしまった。そこで私は、委員長であった責任上、そして少しでも新潟県の原子力行政の一端に携わった行きがかり上、本書を執筆するに至った……。

と唐突に書き出したのだが、背景にある事情をご存じない方がほとんどであろうから、事の顚末の概要をまず述べておこう。詳細は第Ⅰ部「新潟県の挑戦と挫折」で述べるが、あらましは以下のような経緯であった。

新潟県には世界一の規模である柏崎刈羽原発があり、現在運転を休止しているが、早晩その再稼働が問題になることは必至である。そこで、新潟県知事であった米山隆一氏が、2017年8月に、「新潟県の原子力行政に関わる3つの検証委員会」を立ち上げ、翌年2月にその検証結果をとりまとめる検証総括委員会を発足させた。日本の原発行政の課題を総点検し、再稼働の議論を県民全体で行おうという「新潟県の挑戦」を開始したのであった。しかし、その挑戦は紆余曲折の末、2023年3月31日の新潟県知事花角英世氏による私の委員長解任をもって「挫折」してしまった。花角知事は、私のみを解任したわけではなく、3つの検証委員会及び検証総括委員会すべてを消滅させるという挙に出たのである（ただし、技術委員会は従来から存在してきた「新潟県原子力発電所の安全管理に関する技術委員会」として存続する）。委員長である私のみを解任すれば社会の反発が強くなることが予想されるため、このような措置を採ったのだろうと憶測される。日本の原発行政のあり方を根底から議論する機会を、新潟県が「自前で起ち上げ、自前で壊した」ことになると言えようか。私も検証総括委員長として、さまざまな論点について議論し、総括し、結果をとりまとめる機会を失ってしまったのである。

とはいうものの、私としてはそのまま沈黙してしまうわけにはいかない。委員長に就任以来の約5年間で、委員会審議は2回しか行われなかったが、2つの検証委員会（技術委員会と避難委員会）と2つの分科会（健康分科会、生活分科会）には可能な限り傍聴して議論の進展を見守ってきた。解任された今でも検証総括を行う意志を持ち続けており、委員長在任中から行ってきた原発行政に関する問題点の調査・学習・考察を続けている。そこで、それらをまとめて「特別報告書」を公表してはどうかと考えた。新潟県の正式の検証総括委員会報告を出すことができなくなったが、私の存在証明としてそうしなければならないと思ったからだ。そうして、まずPDF版で『池内特別検証報告』を11月22日に公表した。

公式の検証総括委員会報告では書きづらいこともあるが、この『池内特別検証報告』では誰に遠慮することもなく自由に書けるという利点がある。そこで、各検証委員会の検証結果のまとめに対する私の意見をも率直に書き込むことを最初の目標とした。それだけでは新潟県の問題のみに閉じてしまうので、原発に関連するさまざまな論点や課題を書き込み、原発事故に対応しての関連事項を取り上げ、多角的な側面から原発問題について論じることにした。それが本書である。

だから、本書は、新潟県民が特に求めている「柏崎刈羽原発の今後」について考える材料とするとともに、全国の原発立地自治体の人々にとっても現状を振り返り、今後の運動の参考にできるのではないかと思っている。さらに、広く原発問題に関心を寄せている多くの人たちにとって、今後の日本の原発政策を考える上でのヒントになれば幸いである。

本書では、まず第Ⅰ部「新潟県の挑戦と挫折」の第1章において、新潟県の3つの検証委員会と検証総括委員会設置という画期的な「挑戦」を紹介する。ところが、この検証を形式的なものにとどめようとする県と検証総括委員会委員長である私との間で対立が生じた。この経緯を第2章にまとめる。2020〜23年はコロナ禍もあって検証総括委員会としてあまり活動できなかったが、その間に知事や県の幹部とのやりとりがあった挙げ句「挫折」した。その状況を詳しく書いておく。続く第3章で、委員長解任後に新潟県で行った「池内了と話そう」と題した原発キャラバンなどを紹介し、そこで議論された「市民検証委員会」の今後について述べておく。

第Ⅱ部「4つの『検証報告書』の概要とコメント」の4つの章は、検証委員会からの報告書の概要と読んでの感想と意見をまとめている。3つの検証委員会が出した報告書のそれぞれについて、私の印象に強く残った点をピックアップした。検証報告書として、十分議論が尽くされているか、欠けている論点は何か、等を論じている。検証総括委員会で議論すべきであった論点である。以上が、今回の検証総括委員会に直接関連する内容で、検証総括委員長として述べるべき論点の主要部である。

続く、第Ⅲ部「柏崎刈羽原発の再稼働は大丈夫か」では、原発の今後についての議論であることを際立たせるために、原発に関連する幅広い事項や原発事故への対応について論じた。この部分が、今回の経緯の中で考え、特に議論すべきとして取り上げた論説部である。第8章では、原発関連諸機関（東京電力、県と立地自治体、原子力規制委員会、司法）の適格性について、率直な疑問と問題点を提示した。続く第9章では、原子力技術の不確実性として、原発技術につきまとう難問を拾い上げた。その多くはトランスサイエンス問題など原発技術につきまとう難問で、容易に解答が得られるわけではない。そこに原発問題の難しさが凝縮している。続く3つの章は原子力事故に絡む諸問題を取り上げ、甲状腺がんなどの健康被害の実相（第10章）、原発事故に伴う避難の問題（第11章）、地域と自治体に引き起こされた問題（第12章）、とそれぞれ異なった側面を論じている。そして第13章では、ロシアのウクライナ侵略以来、にわかにクローズアップされるようになった原発とテロ・戦争との関連について考える。最後の章は私のささやかな提言である。

第 I 部

新潟県の挑戦と挫折

いかにも大げさな標題だが、実際の推移はそのようであったと言うべきだろう。そこで、第1章には2018年2月に検証総括委員長として発令されて活動を開始した時点の新潟県の「挑戦」から出発し、第2章にそれ以後2023年3月31日の委員長解任までの5年間の後に迎えた「挫折」の経過をまとめる。知事及び県の対応部局との間でどのようなやりとりがあったか正直に書いておいた。この間のさまざまな事柄を、地方自治の観点から記録しておくのは意味あることと考えたからだ。そして第3章に、解任以後のキャラバン活動などを紹介して、今後なすべき課題を述べることにする。

第１章　検証総括委員会の出発

(a) ３つの検証委員会と検証総括委員会を立ち上げた意義

2017年の8月に、新潟県知事であった米山隆一氏が、3つの検証委員会を立ち上げた。それらは、

①「新潟県原子力発電所の安全管理に関する技術委員会」(以下、技術委員会と略す)、
②「新潟県原子力発電所事故による健康と生活への影響に関する検証委員会」(健康分科会と生活分科会から成る)、
③「新潟県原子力災害時の避難方法に関する検証委員会」(以下、避難委員会と略す)、

である。技術委員会は、2003年から継続して行われてきた「柏崎刈羽原発の安全性」に関する技術委員会に、「福島第一原発事故原因の検証を行う」との任務を加え、3つの検証委員会の1つとして位置づけられた。他の2つは新設委員会である。

そもそも、2007年の中越沖地震に遭遇した際、柏崎刈羽原発は震度7の揺れに襲われ、2000カ所を超えるトラブルが発生した。この震災を受けて前任の泉田裕彦知事が、「設備・耐震」と「地震・地質・地盤」の2つの小委員会を付け加えて技術委員会を強化した。続いて就任した米山知事が、2017年に「3つの検証」委員会体制を決定したのである。さらに、翌年の2018年にその検証結果を取りまとめる、

④「新潟県原子力発電所事故に関する検証総括委員会」(以下、検証総括委員会と略す)、

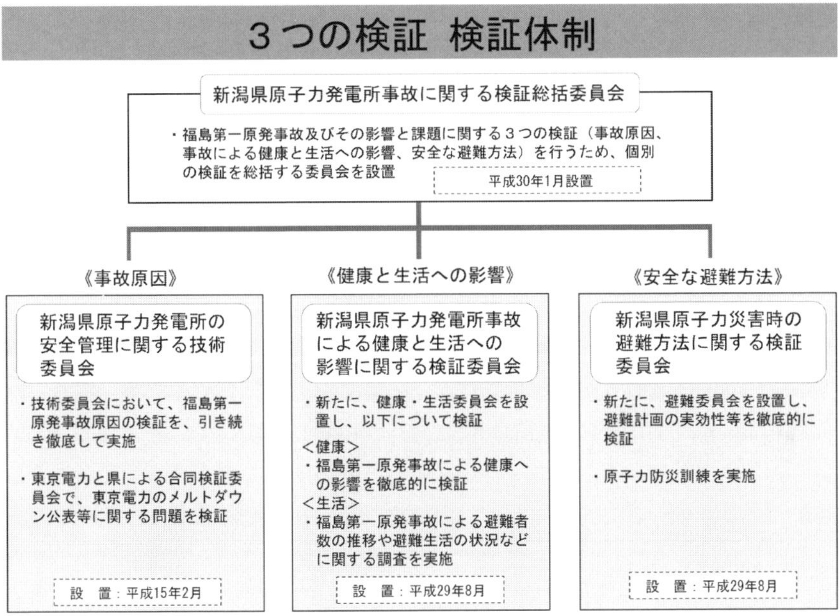

3つの検証 検証体制

新潟県原子力発電所事故に関する検証総括委員会

・福島第一原発事故及びその影響と課題に関する3つの検証（事故原因、事故による健康と生活への影響、安全な避難方法）を行うため、個別の検証を総括する委員会を設置

平成30年1月設置

《事故原因》

新潟県原子力発電所の安全管理に関する技術委員会

・技術委員会において、福島第一原発事故原因の検証を、引き続き徹底して実施

・東京電力と県による合同検証委員会で、東京電力のメルトダウン公表等に関する問題を検証

設　置：平成15年2月

《健康と生活への影響》

新潟県原子力発電所事故による健康と生活への影響に関する検証委員会

・新たに、健康・生活委員会を設置し、以下について検証

＜健康＞
・福島第一原発事故による健康への影響を徹底的に検証
＜生活＞
・福島第一原発事故による避難者数の推移や避難生活の状況などに関する調査を実施

設　置：平成29年8月

《安全な避難方法》

新潟県原子力災害時の避難方法に関する検証委員会

・新たに、避難委員会を設置し、避難計画の実効性等を徹底的に検証

・原子力防災訓練を実施

設　置：平成29年8月

第1図　3つの委員会と検証総括委員会の組織関係（A図）

出典：第1回新潟県原子力発電所事故に関する検証総括委員会（2018年2月16日開催）　資料No.1　原発事故に関する3つの検証体制、ロードマップ

を設置したのである（第1図、これをA図と呼ぶ）。

注意すべきことは、これらの委員会の名称に「新潟県原子力発電所の安全管理」「新潟県原子力発電所事故」「新潟県原子力災害時」とあるように、新潟県の原子力施設の安全性に関わる問題を議論することを念頭においていたことだ。その前提として、福島の原発事故の検証を行うことを想定していたのである。言い換えれば、福島の原発事故の検証をもとにして、新潟の柏崎刈羽原発の今後について議論を行うことが目的であった。その議論の材料を提供するのが3つの検証委員会と検証総括委員会の任務であって、この点が新潟県の検証体制の原点であったのだ。

(b) 検証総括委員長に就任して

その最初のステップとして、米山知事から私に対し、この検証総括委員会の委員長に就任するよう懇請があった。新潟県は有数の農業県であるのみならず、（田中角栄の政治力によって）日本列島改造を率先して行った日本で屈指の有力県である。しかしながら、有力県であればこそ、国の方針に従うことを当然とし（あるいは、当然とされて）、中央集権体制に追随する、つまり地方自治の精神が生きにくい側面がある。それに一矢報いるために、国が本来福島原発事故の検証をやるべきであったにもかかわらず、何もしないまま放擲した検証作業を国に代わって行うこと、さらに、その結果を土台にして、今後大問題となるだろう柏崎刈羽原発の再稼働問題に何らかの意思表明をすることにしたのである。この方針が、日本の原発行政に対して歴史的に大きな意味を持つことは確かである、そう考えて私は委員長就任を受諾したのであった。

その任務は、すでに発足していた3つの検証委員会において議論が開始されている検証作業について、半年に1回程度報告を受けて、その議論の方向や論点を付け加えることだ。そして、最終的に「福島原発事故に関する3つの検証」と「柏崎刈羽原発の安全性対策の確認」を踏まえて、柏崎刈羽原発の再稼働に対する県民の意思確認のための参考にすべき「検証総括報告」をとりまとめることであった（第2図）。

事実、米山知事は「3つの検証の結果が示されない限り、原発再稼働の議論はできない」と県議会で述べている。2018年6月に選任された花角英世知事も、選挙公約で同じ趣旨の言明をしている。したがって、3つの検証委員会の結果の総まとめを行う検証総括委員会からの報告は、柏崎刈羽原発再稼働の判断をするための重要な参考資料となることは明らかである。また花角知事は、「検証の結果を県民と共有し、納得していただけるかどうか見極める、最終的には原発に依存しない社会の実現を目指す」と選挙公約に掲げている。私としては、そのような目的に見合うだけの「検証総括報告」を出さねばならないと覚悟した。すべての委員会名に「新潟県原子力発電所」という“冠詞”が付いていることからも明らかなように、幅広い見地から柏崎刈羽原発の安全性について検証し、県民が新潟県の未来を考える材料を供するための委員会として出

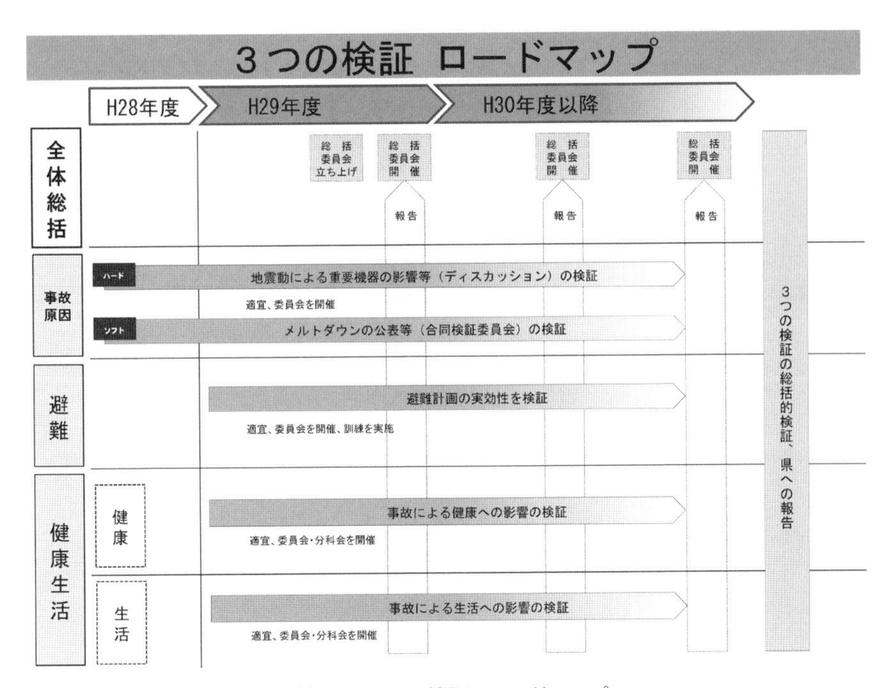

第2図　3つの検証のロードマップ

出典：第1回新潟県原子力発電所事故に関する検証総括委員会（2018年2月16日開催）
資料No.1　原発事故に関する3つの検証体制、ロードマップ

発したのであった。

検証総括委員長に就任して、県の担当課から「検証総括委員会は、原発の今後については白紙の立場で議論することになっているから、明確な反原発の言辞は控えてください」と言われた。私は、「今どき原発に対してまったく白紙の科学者はいないだろう。私自身は原発批判派であり、そのスタンスは崩さないつもりである。原発推進べったりなら検証結果を甘く採点し、問題なしとしてしまう危険性があるが、原発批判派の私であればこそ、検証結果を厳しく点検して意味ある総括ができると思う」と答えた。

(c) 検証総括委員会

米山知事も参加した第1回の検証総括委員会が開催されたのは2018年2月16日で、その自由討議において、柏崎刈羽原発の安全性に関する議論の報告は当然のこと、広い見地から原発問題一般についての議論を行っていくことが話し合われた。第1回の委員会であったこともあり、何事かを決定するというわけではなく、知事の意図や要望も含めて、委員それぞれがフランクに今後の方向についての意見交換を行ったのである。この場で私は、タウンミーティングのような県民からの意見を聞く機会を持つこと、各検証委員会の扱う分野の「境界あるいは狭間」であるため議論されないが重要な問題や、「科学のみでは解決できない問題（トランスサイエンス問題）」を検証総括委員会として意識的に取り上げたいと述べた。幅広い視野で、県民が知りたいと望む問題にまで広げて検証を行うという姿勢を明らかにしたのであった（第3図）。

それから約1年後の2019年3月と5月に検証総括委員会の非公開の委員懇談会を開催した。そこでは、今後どのような問題を委員会として取り上げていくか、総括にどれくらいの時間をかけるか、について相談した。この懇談会では特段に議題を特定せず、委員同士の自由な意見交換を行った。このときは県の

検証総括委員会（私の計画）

(1) **3つの検証委員会の議論状況を把握し、まとめる。**
(2) **3つの検証委員会ではカバーできない問題を抽出し議論する。**
　各委員会の境目の問題：(例) 避難先からの帰還問題、健康と生活の相関
　関連するが深入りできない問題：(例) 風評被害の問題
　深層防護の第5層の欠落問題：(例) 特に大雪時の避難問題
(3) **東電の適格性の問題**
　誠意ある態度で対応しているか？（データの公表、汚染水、被害の補償、事故の経緯等）
(4) **トランスサイエンス問題（予防措置原則）**
　現代の科学・技術では答えが出しきれない問題（活断層、液状化等）
(5) **県民の意見をどう汲み上げるか**
　市町村職員や住民との対話

第3図　委員長としての私の構想

職員も鷹揚で、委員長の意向を尊重する姿勢であった。とりあえず各検証委員会での議論を先行させるべきとし、その成り行きを見て検証総括委員会を開催することとした。

ところが、2020年冬から新型コロナウイルスが蔓延したことによって、検証総括委員会の開催が困難になった。私がネットによる会議ではなく、直接顔を合わせて議論をしたいと希望したこともある。他方、この2020年冬から21年夏の間に柏崎刈羽原発の再稼働への中央政界や財界からの圧力が強まった。実際、2020年9月から資源エネルギー庁の幹部が現地を数十回訪れ、12月には東京商工会議所会頭が柏崎を訪問した。それに応じるかのように、県の幹部が検証作業を急がせる方針を表明している。私が考える検証総括委員会の進め方と県の方針との間の相違（齟齬）が生じ始めたのである。

第２章　県との対立の経緯

(a) 技術委員会の報告書

2020年春頃から、県の幹部の方針を受けたのだろう、原子力安全対策課（以下、対策課と略す）が各検証委員会に報告書を早期にまとめるよう働きかけを強めるようになった。おそらく、中央政界からの再稼働への圧力がじりじりと強まったこともあり、早々に各検証委員会の審議を終わらせて報告書作成を急ぐ、という方針にしたのであろう。事実、東京電力（以下、東電と略す）は柏崎刈羽原発を再稼働することによって得られる収益によって、福島事故で背負った国からの莫大な借金を返済するという計画を立てており、6月には「柏崎刈羽原発の再稼働を目指している」との報道すら流れた。まったく根拠のない噂を報道することはあり得ないから、東電は柏崎刈羽原発の地元である新潟県の意向や検証の段取りを無視して、県に対する政治的圧力によって早期の再稼働を進めようと画策しているらしい。その圧力を知事はじめ県の幹部たちは正面から受け止め、早期の再稼働に向けて検証作業を急がせようとしているのではないか、と想像された。

そこで県が採用した方針は、検証委員会として最も重要な原発の技術的課題を議論する技術委員会からの報告を早期に出させることであった。そのため委員会の目的を「福島原発の事故原因の検証」のみに絞って、報告書を作成するよう委員会に働きかけたらしい。技術委員会の委員の多くは原発容認派であり、県の意向を受け止めて、早くも2020年10月26日付で「福島第一原子力発電所事故の検証～福島第一原子力発電所事故を踏まえた課題・教訓～」と題した報告書を知事に提出した。この報告書の概要と問題点は次章で詳しく論じることにして、ここではとりあえず重大な2点のみを指摘しておきたい。

第一の問題点は、この報告書は検証総括委員会委員長である私にはまったく関係なく、知事に直接提出されたことである。私は、検証総括委員会の任務は、各検証委員会から提出された報告書の内容を吟味し、そこに付け加えるべき事柄について検討したり、新たに提起された議論によって修正したりした結果をまとめ、「総括報告書」として知事に提出するものと考えていた。そのようなプロセスこそが検証総括委員会に課せられた任務と捉えていたからだ。ところが、技術委員会の報告書は、検証総括委員会をすっ飛ばして直接知事宛に提出されてしまった。何のための検証総括委員会なのか、と疑問を持たざるを得ない（さらに2021年1月に提出された生活分科会からの報告書、2022年9月に提出された避難委員会からの報告書、2023年3月に提出された健康分科会からの報告書、そのいずれも私には提出されずに知事に直接手渡され、私には事務的に報告書が配付されたのみであった）。

私が考えていた手順は、

> 各委員会からの報告書を検証総括委員会が集約➡必要な部分は再度委員会で議論して報告書を書き改め➡それらを最終的に検証総括委員会がまとめ➡「総括報告書」として知事に提出する、

というものであった。しかし、現実に起こったことはまったく違って、各委員会からの報告書は知事に直接提出されてしまった。では、各委員会からの報告内容が知事から検証総括委員会に開陳されて議論することになるのであろうか。それとも、知事の手に長く据え置かれ、他の検証委員会からの報告書と一括して検証総括委員会に渡し、そこで形式的にチェックして承認した旨を知事に報告させよう、と知事部局は考えていたのだろうか。いずれにせよ、検証総括委員会がきちんと総括する時間を与えない作戦であったようなのだ。

この技術委員会の報告書の第二の問題点は、第一の問題点以上に致命的なのだが、柏崎刈羽原発の安全性に関する具体的で詳細な議論がまったく含まれていないことである。その議論は技術委員会の今後の課題とし、今回の報告書は福島事故の検証のみに限るよう対策課が強く指導したためらしい。それでは、「この検証委員会の名前が『新潟県原子力発電所の安全管理に関する技術委員会』であるのと矛盾するではないか」と私は対策課の課長に詰問したが埒が明かなかった。柏崎刈羽原発の安全性について何の報告もしないのは問題である、として技術委員会を辞任した委員もいたそうだ。そもそも、柏崎刈羽原発の安全性について何も言わない技術委員会の報告なんて意味がないと、もっと多くの委員が言うべきであった。実際、報告書を出して以降、検証委員会の消滅まで2年半以上の時間があったのだから、柏崎刈羽原発について何らかの追加報告をしてもよかったと思う。

(b) 2回目の検証総括委員会

2021年1月22日に第2回検証総括委員会が開催された。久しぶりの委員会の開催だったので、各検証委員会・分科会の議論の進捗状況についての報告が主となってしまい、実質的な議論が行えなかったことが残念である。ただ、2つの問題について、委員長としてこの委員会への意見・要望を表明しておいた。

一つは、「技術委員会は柏崎刈羽原発の安全性に関して、これまでなされてきた議論を報告書として付けるべき」と注文をつけたことである。これに対し、中島健技術委員長（当時）もそうすることを約束した。しかしながら、以後開催された技術委員会において、これについて取り上げられることがなかった。ようやく8月16日の技術委員会で、委員長はその約束を実行する用意があることを言明したのだが、実行されないままとなってしまった。なんと無責任なことであろうか。

もう一つは、タウンミーティングと同様な県民からの意見を聴取する機会を持つよう提案したことである。県民からの疑問や要望を委員会の議論に反映させることが重要だと主張したのだ。過半数の委員からの賛同が得られたが、県の対策課は「検証を終わってから県民への説明会を行う」との公式的態度に終始し、具体的な計画が議論できないままで終わってしまった。この委員会で、私と県の対策課の方針の間に対立点があることが明確に見えてきたと言える。そのせいもあって、わざわざ防災局長が京都のわが家に来訪されることになったのである。

(c) 局長の来訪から

2021年6月6日に防災局長が新潟から京都まで来られたのだが、その目的は、これまでの経緯に関して「県と私の間のどこに齟齬があるのか」を整理することであった。開口一番、局長が、「知事から『どこで意見の差異が生じたかを明らかにし、それを総括委員に提示して議論をしてもらう材料とする』という要望があったので出向いた」と言われたからだ。そこでまず私が局長に対していくつかの論点を提示し、互いの意見を主張し合うことにした。むろん、この場は意見の結着を図る場ではないから、論点だけを列挙した上で、会見後にそれらをまとめた文章を私から局長に提出したのであった。

そのやりとりを基本にしてまとめられたのが、「検証総括委員会　池内委員長のご意見と県の考え」(参考資料) である。県は私が提出した文章をほぼそのまま示し、県の意見を加えて対比した一覧表を作成したのであった。その意味では、この一覧表は双方が互いの言い分を公正に表している。そこで県と私の合意の上で、検証総括委員全員に宛てて7月18日付で「第3回の検証総括委員会を9月2日に開催する」と通知した際、この書類をその委員会の資料として委員全員に配付した。つまり、県の対策課としては、知事の指示通り「双方の相違点を明らかにする」ために、検証総括委員会でこの一覧表について議論することを予定していたのである。私も委員会において県と私の意見の違いが議論され、どちらの考えで審議を進めるかが決められるものと思っていた。

簡単に内容を解説しておこう。意見の相違点を5点に整理している。

① 県民の意見を聞く機会の実施

《私の意見》県民が何らかの形で議論に参加することが必要。検証総括委員会は出された意見から、取り上げるべきと考えたテーマについて議論を行う。コロナ禍の最中であるが、意見の集約・表明方法は工夫できる。

《県の意見》県民の意見を聞く場は、検証作業の途中ではなく、検証結果がとりまとめられた後に設ける。

② 柏崎刈羽原発の安全性の検証結果の確認

《私の意見》柏崎刈羽原発に対して何ら言及しない検証総括はあり得ない。

検証総括委員会　池内委員長のご意見と県の考え

	池内委員長のご意見
1. 県民の意見を聞く機会の実施	・物事が決まってからの説明では県民はただ従うのみの存在になる。最後の段階とはいえ、県民が何らかの形で議論に参加するということが必要。中央集権・上意下達ではなく、地方分権・下意の集約が求められている。そうすることで、最終決定に対する県民の一体感も生まれる。そもそも検証委員会を立ち上げたのも、地方からの意思表明を考えたのではなかったか。 ・方法として、 ①検証総括員会での議論を希望する項目・内容を1000字以内で書いてもらう（広報によって募集する）、 ②それを総括委員長（又は総括委員会）が読んで、上越・中越・下越で各々５名程度を選択する、 ③各県庁支所（又は県庁）からZOOMで各人の希望を５分程度語ってもらう、 ④それには総括委員会委員も聞いて、必要な質問をする、 ⑤出された意見から総括委員会として取り上げるべきと考えたテーマについて、後日議論を行う、 という段取りを考えている。8～9月の２か月をかければ実行可能である。
2. 柏崎刈羽原発の安全性の検証結果の確認	・目的：総括委員会は「県の原子力行政に資するため」におかれたものであり、すべて各検証委員会には「新潟県原子力発電所（災害時）…」が付いているように、柏崎刈羽原発が安全に稼働できるかどうかを検証することが総括委員会の重要な任務であり、単に福島事故の検証を行うことのみを目的としていたのではない。従って、柏崎刈羽原発に対して、何ら言及しない検証総括はあり得ない。 ・理由：第１回の総括委員会で当時の米山知事が「技術委員会は柏崎刈羽原発の検証ということでスタートした。柏崎刈羽原発に関しても一定の報告書を出していただきたい」と述べていること。また、技術委員会の報告書には両論併記が目立ち、それだけでは検証したことにならないこと。両論併記の部分は、例えば「柏崎刈羽原発ではこれこれの手が打ってあるので安全性は確保している（格段に進歩している）」という検証がなされねばならない。最低限、その報告が欲しいのである。さらに、技術委員会は23項目の柏崎刈羽原発にかかわる検討事項を掲げているが、その検討が終わった分については報告してしかるべきだと考える。
3. 東電の適格性の評価の議論	・目的：東電の事業者としての適格性問題は、今回の原子力規制委員会からの措置に見るように深刻であり、避けて通ることができず、検証総括の最終段階できちんと明示しておかねばならない。心配なのは、東電は10年も原発を稼働させておらず、現場において非常時に対して信頼できる職員が払底している可能性があることだ。 ・理由：適格性問題は、技術的側面はもちろんだが、補償問題・汚染水問題・警備体制問題など多岐にわたっており、少なくとも問題点を列挙し、東電としての取り組み姿勢について改めて協定が必要になるかもしれない。厳しい目で見ていることを常に東電に意識させることが必要なのである。
4. 検証総括委員会の最終報告書	・むろん、各検証委員会の報告書に矛盾がなく一貫していることをチェックすることは第一義的であることは言うまでもない。 ・しかし、それだけにとどまらない。各委員会の書式・内容・力点は統一されておらず、抜け落ちている部分、互いに補完的な議論を必要とする部分（健康分科会と避難委員会の合同会議が提起されている）、「専門外に関しても大所高所から議論」して３つの検証委員会が意思疎通をすることが求められる。
5. 委員会への知事の出席	・検証総括委員会を主宰するのは知事であるが、会議のたびにその出席を仰いで議論の推移を見守ることは、自由な議論を妨げる懸念がある。 ・最初の「3つの検証のロードマップ」においては、定期的な総括委員会の開催で各検証委員会の意思疎通を図り、その後に３つの検証の総括的検証を行って県に報告する、という形で設計されていた。知事は節目の会議に出て、あとは総括委員会を信頼して任せ、報告書を得るという想定であった。これがスジではないか。

参考資料　私と県の意見の対照表

県の考え
・県では、3つの検証は、各分野の専門家にお願いして検証作業を行っていただいており、検証結果が示された後に、県が責任を持って、県民の皆さんと広く情報共有し、評価をいただきたいと考えています。 ・県民の皆さまの意見を聴く場は、検証作業の途中ではなく、検証結果がとりまとめられた後に設けることとしています。 ・第1回検証総括委員会において、仮にシンポジウム等の開催について、検証総括委員会の中で合意ができた場合、委員会からの提案を受けて行政側が実施し、委員会に報告するような方法について、米山前知事から説明しています。 【参考：第1回　検証総括委員会　米山前知事　発言】 「あと、シンポジウムなどに関しては、行政的なことも入ってくるといいますか、ロジスティックはどうしても行政がやることになります。そうすると、当然、予算的な措置も入ってくるので、むしろ、検証委員会の中で合意ができたら、検証委員会からこういうシンポジウムをしたほうがいいと思うということを行政に投げていただいて、シンポジウム自体はむしろ行政がやらせていただきながら委員会に報告するという形､そういったインタラクションのほうが区分けとしてはきれいかなと思います。」
・検証総括委員会は、運営要綱にあるとおり、福島第一原発事故及びその影響と課題に関する3つの検証（事故原因、事故による健康と生活への影響、安全な避難方法）の個別の検証を総括することを目的としています。 ・柏崎刈羽原発の安全性については、3つの検証の結果と、技術委員会における施設の安全性についての確認結果とを合わせて総合的に判断していくこととしています。 ・委員長ご指摘の米山前知事の「柏崎刈羽原子力発電所に関しても一定の報告書を出していただきたい」との発言は、技術委員会から県に報告書を出していただきたい旨の発言であり、米山前知事は議会においても、「柏崎刈羽原子力発電所の安全性については、検証総括委員会に直接包含されるものとは考えておりません」と答弁しています。
・検証総括委員会は、運営要綱にあるとおり、福島第一原発事故及びその影響と課題に関する3つの検証（事故原因、事故による健康と生活への影響、安全な避難方法）の個別の検証を総括することを目的としています。 ・東京電力の原子力発電所を運転する適格性については、現在、技術委員会が行っている柏崎刈羽原発の安全対策の確認において、運転適格も確認事項の1つとされており、今後、原子力規制庁から審査内容について説明を受け議論することとしています。
・検証総括委員会の任務は、それぞれの検証委員会において各分野の専門家の知見に基づき、客観的、科学的に検証していただいた結果について矛盾等がないか各委員に確認していただき、3つの検証のとりまとめをしていただくことであり、最終報告書はその結果が記載されたものと考えています。
・検証総括委員会は、運営要綱において知事の求めに応じて開催することになっており、出席の判断については、知事が判断します。

出典：2021年7月に原子力安全対策課が第3回の検証総括委員会開催を告知したときの配付資料

技術委員会報告には両論併記が目立ち、それだけでは検証したことにならない。柏崎刈羽原発に関わる事項について、検討が進んでいる部分だけでも報告してしかるべきである。

《県の意見》検証総括委員会は、福島第一原発事故及びその影響と課題に関する3つの個別の検証を総括することを目的としており、柏崎刈羽原発の安全性については3つの検証の結果と技術委員会における施設の安全結果とを合わせて総合的に判断していく（からこの報告書には含めない）。

③ 東電の適格性の評価の議論

《私の意見》事業者としての東電の適格性は、検証総括の最終段階できちんと明示しておかねばならない。技術的側面だけでなく補償問題・汚染水問題・警備体制問題など多岐にわたる東電の問題点を列挙し、厳しい目で見ていることを東電に意識させることが必要である。

《県の意見》東電の適格性については、技術委員会が行っている柏崎刈羽原発の安全対策の確認において運転適格性も一つの事項であり、今後原子力規制庁からの審査内容について説明を受けて議論する。

④ 検証総括委員会の最終報告書

《私の意見》各委員会の報告で抜け落ちている部分や互いに補完的な議論を必要とする部分、それに専門外の問題に関しても大所高所から議論して含めるべきである。

《県の意見》各検証委員会が科学的に検証した結果について、矛盾がないか等を確認して3つの検証をとりまとめ、その結果を記載したものが最終報告書である。

⑤ 委員会への知事の出席

《私の意見》知事が会議に出席して議論の推移を見守るのは自由な議論を妨げる懸念がある。知事は節目の会議のみに出て、検証総括委員会を信頼して任せて報告書を得るという想定であった。

《県の意見》運営要綱にあるように、委員会は知事の求めに応じて開催することになっており、出席については知事が判断する。

この、私の意見と県の考えを対照させた資料とともに、「『福島原発事故に関

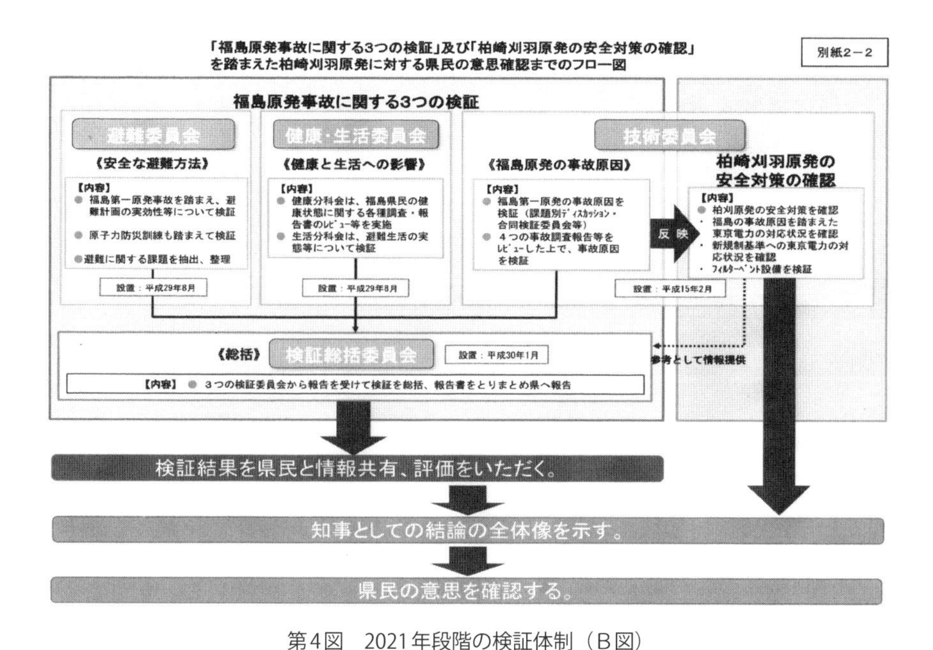

第4図　2021年段階の検証体制（B図）

出典：2021年7月に原子力安全対策課が第3回の検証総括委員会開催を告知したときの配付資料

する3つの検証』及び『柏崎刈羽原発の安全対策の確認』を踏まえた柏崎刈羽原発に対する県民の意思確認までのフロー図」（第4図、これをB図と呼ぶ）が検証総括委員に配付されている。これと第1図に示した「3つの検証　検証体制」（これをA図と呼ぶ）を見比べると、いくつかの変更が加えられていることに気づく。

第1点は、A図では「新潟県原子力発電事故に関する検証総括委員会」と題された標題であったのだが、B図では「福島原発事故……県民の意思確認までのフロー図」と長い標題となっている。つまり、検証総括委員会の位置づけの説明のための図ではなく、県民の意思確認の手続きのための説明図となったことである。そのせいか、A図では検証総括委員会は3つの検証の上に描かれていたのが、B図になると下に移動している。まさに格下げである。また、3つの検証委員会名に、A図では「新潟県原子力発電所」とか「新潟県原子力災害時」と、「新潟県」のための検証委員会であることを明示していたが、それが

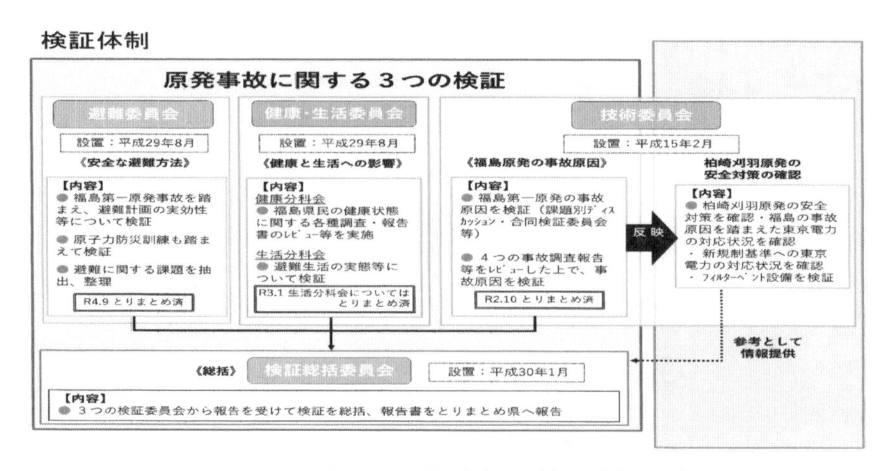

第5図　2022年11月の説明会向けの検証体制（C図）

出典：2021年11月11日～12月25日の間に原子力安全対策課が開催した「福島第一原発事故に関する3つの検証について」説明会の配付資料

B図では一切抹消されていることも意図的である。

第2点は、B図に示された検証総括委員会の〈総括〉の範囲は、「福島原発事故に関する3つの検証」に限られてしまっていることだ。とはいえ、B図の表題に「柏崎刈羽原発の安全対策の確認」を県民の意思確認に含めていることもあって、B図で技術委員会の任務にこの内容を明示し、検証総括委員会に「参考として情報提供」というルートを細い線で示している。検証総括委員会として柏崎刈羽原発の安全対策に関する情報提供を求めることができると考えていたことは認めざるを得なかったのだ。

注意すべき第3点は、B図の検証総括委員会の内容に「3つの検証委員会から報告を受けて、検証を総括、報告書をとりまとめ県へ報告」とあることだ。これに従えば、各検証委員会の報告書は検証総括委員会が受け取って委員会として総括の議論を行ってから、県に報告書を提出するという建前になるはずである。ところが、検証委員会・分科会からの4つの報告書はすべて、検証総括委員長は無視されて知事に提出されたのであった。

先走るが、話の行きがかり上、2022年11月に県の対策課が県民向けの説明会を行ったときに配付した、同種の図を示しておこう（第5図、これをC図と呼ぶ）。ここでは、表題は「検証体制」のみとなり、検証総括委員会の範囲は「原発事故に関する3つの検証」と、可能な限り簡略化している。そして、県民の意思確認の手続きは省略し、提出された報告書の概要の説明のみにとどめて素っ気ない。

Ａ図、Ｂ図、Ｃ図を見比べれば、県の重心がどのように変化したか、県民への説明責任を行う県の態度の変遷がわかるようではないか。

(d) 県幹部の介入

話を戻して、上記のように、私も対策課も2021年9月2日に第3回検証総括委員会を行う予定であった。ところが、県幹部からの横槍が入って完全に予定が狂うことになり、私と県の言い分を検証総括委員会で議論する機会が奪われたのである。すなわち、2021年8月6日に原発に関係する部門の県の幹部（副知事、危機管理監、防災局長）との「打ち合わせ」に出るよう、新潟への出張依頼があったのだ。私は単なる「打ち合わせ」だと思い、何の疑問もなく出席した。ところが、これら県の幹部から、検証総括委員会の進め方について、県の方針に従うよう1時間近くにわたって求められたのであった。言い分は、「県が設置した委員会なのだから県の意向に従うべきだ」というもので、先の一覧表に書かれた私の意見を引っ込めて、県の意見に従った委員会運営を行うようとの「要請（強要？）」であった。私は当然それを拒否した。押し問答が続き、ついには「県が金を出しているのだから県の考えに従うのは当然である」と、県幹部からのお粗末な極論すら出される始末であった。県が設置して県費で賄う委員会であろうと、検証総括委員会は県の考えとは独立に議論を進めるつもりであると反論し、私はこの要請（強要）を拒否した。「県のためではなく、県民のための総括を行う」と何度も述べたのだが平行線のままであり、県の幹部たちも私の説得は無理と判断したようであった。

(e) 花角知事との面談そして決裂

そうなれば、県の幹部は知事に下駄を預けるしかない。花角知事が直接私との面談を希望しているということで、本来第3回の検証総括委員会を予定していた9月2日に知事と対談（対決？）することになった。むろん、知事は県の幹部の意向と同じく「県の意向に沿った委員会運営」を強く要請してきたから、私は「それでは県民のための総括にはならない」として断った。何度かの押し問答の後、知事は「委員長が私の意向を尊重していただけないなら、今後、総括委員会は開かないことにします」と言明した。検証総括委員会の開催は知事の専決事項である。したがって、知事が委員会を「開かない」と言明したということは、つまり「委員会を開かせないということですね」と私は応じた。そして、「それなら、私を総括委員長の職務から解任していただきたい」と申し出たのである。ところが知事は、「あなたをリスペクトしている」とのわけのわからない理由で、解任することを拒否したのであった。要するに、知事と検証総括委員長である私とは委員会の運営をめぐって決裂の事態に陥り、その責任を私に押し付けて私から辞任を申し出るよう圧力をかけたのである。私はその場は「考えさせてほしい」と述べ、委員長を続けるか、辞任するか、については明言しなかった。

その後、私は知事に対し「事態の解決のために知事と率直に交渉したい」との意向を表明し、再度の会見を申し入れた。その結果、10月22日に花角知事と会見する場が設定され、そこで私は「一覧表に示された私の意見と県の考えの相違を検証総括委員会の場で議論し、委員会がもっともだと結論した方向で委員会運営を進めたい」と述べた。検証総括委員の多数が県の考えで進めるとの意向なら止むを得ない、との私としての妥協案である。とはいえ、委員たちの過半数は私の意見を支持してくれると信じていたために、このような提案ができたのであった。しかし、知事は県の考え通りの線で進めるべきとの固い態度を変えず、むろん私もそれを受け入れることはできないと拒み、結局物別れとなった。私は「しばらく考えたいので辞表は出さない」と述べて知事室を退出した。その後、花角知事との直接の折衝（対決？）の機会はないまま、2023年3月31日に任期切れをもって解任されたのである。

以上が、検証総括委員会委員長を委嘱された時点から、知事と決裂・解任となった経緯である。事態の推移をこのように開陳した理由の第一は、私が身勝手なことを一方的に主張してきたわけではないことを理解していただきたいためである。私は「新潟県民のための検証総括を行う」ことを主張してきた。それに対し、新潟県という日本有数の実力を有する県であっても（そんな県であればこそ)、国の方針（原発再稼働）に素直に従うことを当然としているのである。新潟県の知事や幹部が「県民の意向はどうあれ、柏崎刈羽原発の再稼働を後押しする総括報告が欲しい」と考えているのだ。中央集権体制に追随する結果、地方自治の精神が生きていないことをしみじみと感じたものであった。県民の意向より中央へ追随していく姿勢は新潟県のみではなく、日本全国で共通しているのだろう。明治以来の中央集権の意識が強い日本であるからだ。特に原発に関しては、国が利益誘導を通じて主導してきたこともあって、地方は国家の方針に無条件に追随する図式が明瞭と言える。

(f) 1年半続いた知事との対立

折しも、東電が数々の不祥事を引き起こしたために原子力規制委員会の監視が強化され、再稼働の時期が遠のく情勢になった。知事との面談が決裂した2021年10月以後、約1年半弱の間、私と知事との対立はいったん水面下に入った。そしてそのまま私と県の間の意見の対立は解けることなく、といって事を荒立てるような事件は何も起こらず、淡々と時間が経過したのである。その間、私は可能な限り検証委員会や分科会の会議を傍聴し（およそ1カ月に1回程度の頻度)、議論の進み具合をフォローしていた。知事は記者会見の場で状況を聞かれると、「池内委員長は余分なことをやりたいと言われるので検証総括委員会が開けない」と語るのが常であった。解決のために自ら動く気配を何ら見せず、すべて私に責任を押し付けていたのである。

おそらく花角知事は、原発問題という厄介な問題は可能な限り後回しにしたいと考え、何ら行動を起こさなかったのだろう。むろん私も、ここで妥協しては思ったような検証総括ができないと思い定め、歩み寄ろうとはしなかった。実際、傍聴のために新潟に出かけた際、防災局長や対策課の課長に呼び出され、私の態度に変更はないかと念を押されることが何度かあったが、私は自分の意見を変えないと答えていたのである。

やがて、メディアの記者から「どうやら任期切れを理由にして委員長を解任するようですよ」と知らされた。記者たちは日常的に県の幹部や課長クラスと接触しており、かれらの言動から政界・官界の動きを察知することに長けているので、おそらくその通りだろうと思った。そして、3月29日に防災局長と対策課の課長が「先生のご意向を確認するため」として京都の自宅までやって来た。「任期切れで解任するための最終の意思確認ですか？」と問うと、「いや、まだ何も決まっておりません」と言う。役人はわかり切ったことであっても、はっきりと上司が言明するまでは「知らない」と言わねばならないようである。

ところが、任期末日の3月31日にも、翌4月1日にも、県から私に対して何の連絡もないのである。解任されたかどうかわからないのだ。ところが、テレビや新聞社の記者から電話があり、「解任された」という事実を確認したという具合であった。せめて「3月31日の任期終了を以って、検証総括委員長の職を免じる。任期の更新はしない」との辞令を、当日に出すのがスジではないだろうか。私と知事の間で齟齬や対立などいろいろな経緯はあったにしろ、5年間余り私は検証総括委員長を務めてきたのだから、知事からの何らかの挨拶があってしかるべきではないか、とも思ったものである。数日経って、防災局長から任期が切れた旨の形式的なメールが届いた。失礼この上ない結末であったが、こうなることを予想していたこともあって、それ以上文句を言うことを控えた。今さら「何をか言わんや」の心境であった。

第３章　解任以後の活動と今後

検証総括委員長を解かれてから、私が時間を割いてきた活動について述べておこう。

(a) 知事への「要望書」の提出

最初に行ったのは、4月19日に今回の解任に関して記者会見を開催して、花角知事に対し質問事項を「要望書」という形で突きつけたことである。この「要望書」は、検証総括委員会の委員であった、鈴木宏健康分科会座長、松井克浩生活分科会座長、佐々木寛避難委員会副委員長、そして委員長であった私の連名とした。検証総括委員会は7名から成る委員会であったから、その過半数の4名が「要望書」に名を連ねたことになる。その効果があったのか、多くのメディアが報道してくれた。解任がいかに不当なものであるかを県民に知らせることができたのではないかと思っている。

以下に、花角知事に提出した「要望書」を示す。

要望書　　　　2023年4月19日

新潟県知事　花角英世　殿

新潟県検証総括委員会：前委員長　池内　了
前委員　鈴木　宏
前委員　松井克浩
前委員　佐々木寛

2023年3月31日を以って、新潟県が設立した「検証総括委員会」の池内委員長および他6名の委員の任期が切れたまま後任が発令されず、今後の見込みが提示されていない状態が続いています。その結果、三つの検証委員会と検証総括委員会とがセットとして行われてきた「新潟県原子力発電所問題についての検証・総括体制」は、少なくとも手続き的にはいったん消滅する事態となりました。検証総括委員会は、三つの検証を相互に架橋し、検証全体をまとめあげる委員会で、この委員会がこのまま自然消滅してしまうことは、これまで真摯に取り組まれてきた三つの検証の成果を、まさに完成させることができないということを意味します。

このような不測の事態を何とか克服し、検証を最後まで実りのあるものとして完結させるために、知事に対して、検証総括委員会の委員長および委員有志として、直接お伺いを立てる機会を設けていただければ幸いです。

これまでの経緯については、特に委員にとっては、メディア等を通じての断片的な情報しかなく、なぜ検証総括委員会が開催されないのかについて不明な点も多くあります。まずは、こういった事態に陥った経緯について、相互に共通了解や共通認識が共有されることが重要であると考えます。私たちが質問を申し上げる機会をいただき、私たちおよび新潟県民に対して誠意ある回答を期待したく思います。

質問事項

（1）この事態を招いた真因は、一般には花角知事と池内委員長の意見の対立と言われていますが、事実はそうではありません。下記の注釈（1）にあるように、検証総括委員会が2年以上にわたって開催されなかった真の原因は、2021年7～9月段階において知事からの委員会の進め方に対する明白な介入があったためです。そのことを認識されているかどうかを率直にお聞きかせください。それまでは池内委員長と原子力安全対策課との間は円滑な関係にありました。

（2）この対立状態が継続していたが故に、池内委員長を実質的に解任するため、3月末の任期切れの機会に任期延長をしない方策を選んだと推測されますが、そうであれば他の委員全員は任期延長をして検証総括委員会を継続するのが筋であったと思われます。検証総括委員会は新潟県が設立した検証委員会からの報告を取りまとめる最終の委員会として位置付けられていますが、未だ報告書を作成するという重要任務を終えていないからです。それにも拘らず、なぜ委員全員の任期延長をせず、検証総括委員会を消滅させてしまったのか。その理由をお聞かせください。

（3）知事が選挙公約を守るためには、新たに検証総括委員会を立ち上げ、県民と共有できる「三つの検証の総括報告書」を得なければなりません。その間、柏崎刈羽原発の再稼働について議論できないことになりますが、それも含めて今後どのようなスケジュールで新たな検証総括委員会の発足を考えておられるのか。それを明らかにしていただくように求めます。

注釈

（1）について

池内委員長と原子力安全対策課との打ち合わせの結果、第3回の検証総括委員会は2021年9月2日に設定され、7月18日付で各委員への告知と（別添資料）として付した「検証総括委員会　池内委員長のご意見と県の考え」が各委員に配付されました。つまりこの段階までは、委員長と県との間で意見の相違はあるが、委員会審議において解消しようとの合意はできていたのです。しかし、直後に花角知事自身から「『県の考え』に従って委員会運営を行うよう」委員長に対する強い要請があり、委員長は「その要請には直ちには従えない。必要なら委員会を開催して、私の意見で進めるか県の考えで進めるかを決めても構わない」と提案しました。知事はその提案を却下した上で、「検証総括委員会を開催しない」と宣言したのでした。つまり、花角知事は、この段階において「県の考えに従うよう求め、それが受け入れられないとの理由で委員会の開催を拒否した」のが事実です。この経過を見れば、検証総括委員会が開催されていないのは、二者の単なる意見対立ではなく、委員会の持ち方についての知事の強い意向が原因であって、その責任は知事にあると言わざるを得ません。

（2）について

池内委員長のみを任期延長せず、他の委員を任期延長すれば、明らかに知事の意向を受け入れない池内委員長を解任したいとの思惑が露骨で、それでは世論が受け入れないであろうとの判断から、委員全員も任期延長しないことで世論を納得させようとの意図があったことは確かと思われます。政治的なタクティックスなのですが、その背景には、新潟県が「新潟県の原子力事故に関する三つの検証委員会と検証総括委員会」を構築してこれを推進してきた、先進的で価値ある試みであるとの認識が薄れているためだと考えられます。花角知事は選挙公約において、「検証結果を県民と共有し、納得していただけるかどうか見極める」、「検証が終わるまでは再稼働の議論を始めることはしない」と掲げていたにも拘わらず、報告書を提出した三つの検証委員会は既に解散しており（技術委員会は過去に発足した特別委員会としては存続していますが）、検証総括委員会をも「消滅」させるのは余りに恣意的で無責任であると言わざるを得ません。
（3）について
　おそらく、花角知事は検証・総括体制の「消滅」ではなく「中断」とおっしゃるでしょうから、今後、どのような時期に、どのような形態で検証総括委員会を立ち上げるかの構想なり予定を持っておられるはずです。それを早期に公表して新潟県民に示すようを求めたいのです。新潟県民に、本当に信頼に足る検証総括委員会が発足するとの安心感を与えるのが知事の責務だと考えるためです。「中断」のままウヤムヤになってしまうことが県民に対してもっとも無責任で不誠実な結末なのですから。

　わざわざ注釈を付けたのは、一般の県民が事の経過を知らないまま、「要望書」が突如提出されたことに疑問を持たれることを心配して、経過と現状と将来の方向について解説するためである。もとより、ここに書いた質問事項に知事が答えるとは期待しておらず、不当な解任に抗議し、県民にこの動きを知ってもらいたいという思いの行動であった。

(b) キャラバン活動

解任後、かねてより計画していたのは、佐々木寛氏と健康分科会の委員であった木村真三氏と語り合って、検証委員会の経緯を広く新潟県民に知らせるためのキャラバンを行うというものである。要するに、知事は柏崎刈羽原発の安全性確認のための、しっかりした検証総括を行わせず、型通りの検証結果を羅列したのみの安直な総括で終わらせようと考えていることを、広く県民に知らせようというものである。そもそも県民の意思を問う方法について花角知事は何も言っておらず、下手をすると県議会の議論のみに終わらせる可能性すらある。そんなことで県民の意思を問えるのか。それでは、せっかく米山知事が立ち上げた3つ検証体制とそれに基づいた検証総括委員会の設置が水泡に帰してしまう。それらのことを県民に広く知らせ、語り合い、問題点のありかを共有しようという目的である。

新潟県には大きな都市が10以上あり、海岸線の東西の長さ約600km、南北100〜200kmで、面積は都道府県で第5位と広大である。そこで、順繰りに各地域をキャラバンして回り、私が総括検証委員会の経緯を講演するとともに、参加した県民からの疑問・意見・注文・要求などを徴し、互いに議論するという計画を立てた。併せて、「市民検証委員会」と呼ぶ、市民が主人公になって地元に足を据えた、草の根からの声を結集する「市民の、市民による、市民のための検証」を行う運動を開始することにした。つまり、県に原発の検証をお任せして、それで得られたご託宣を飲むか飲まないか、では本当の地方自治にはならない。私たちの手と足と頭を使って、県民の意見をまとめ上げ、それを行政に突きつけていくということこそ大事ではないか、そのような意図の下でのキャラバン活動である。

この活動は新潟県の平和センターからのさまざまな援助を得なければ続けられなかった。キャラバンのために私が新潟を訪れる旅費の援助から、各地の労組や民主団体と連絡をとって会場確保・参加の呼びかけを行い、資料の配布・講演会の記録作成・感想の収集まで、平和センターは多くの作業を引き受けてくれた。何より素晴らしかったのは、通常の一方的に講師がしゃべって参加者が拝聴する講演会ではなく、参加者自身が自分たちの意見や要望を互いに話し合う時間を確保し、そこで残された疑問点をメモ用紙に書いて集約する、という試みがなされたことだ。その疑問点については、佐々木・木村そして私が可能な範囲で答えて、みんなと意見を共有する。このような新感覚の集会の設計は、若いファシリテーターが手助けしてくれたために可能となった。私のような古いタイプの人間では思いつかない住民集会の新しい試みである。

キャラバンは、2023年5月7日に原発の足元である柏崎市で開始した。最初の集会なので心配したが、150人以上の参加があり、今後の進め方について相談することができた。そして、6月3日には新潟市で正式に「市民検証委員会」発足のキックオフミーティングを持ち、100人を超える人々の参加を得た。私は、この機会に本書の元になる『池内特別検証報告』をまとめる計画の概要を発表した。これが、次に述べる「市民検証委員会」のパンフレットの基本的枠組みとなった。私たちが求める「検証総括宣言」とも言える。

キャラバンの第3回は7月8日に新発田市で開かれたのだが、その集会の表題が「みんなで語ろう！　池内了との対話集会～どうする？　柏崎刈羽原発の検証総括委員会～」となり、以後の集会もこの標題を踏襲することになった。そして、私がなぜ解任の憂き目にあったかについて、多くの人々に知られていないためもあり、「池内委員長のご意見と県の考え」（p.10）を参考資料として付して解説した。私の講演は交流会の3分の1くらいとし、さまざまな意見や疑問点を互いに出し合うのが3分の1、全体の理解を深めるための交流討論が残りを占める、という会の進め方となった。

以後、7月29日の上越市と30日の三条市、8月26日の糸魚川市と27日の長岡市、9月17日は十日町市、10月1日は南魚沼市、10月15日は佐渡市、11月23日は小千谷市と、以前の柏崎市、新潟市、新発田市を加え総計11都市で集会を開いてきた。どこの会場も、最低で80名、最高で150名の参加があり、トータルで1000名以上と交流できた。このキャラバン活動で幅広い人々とのつながりをつくることに成功したと思っている。米山さんが可能な限り姿を見せて挨拶し、私たちを激励するとともに、参加した人々への感謝と今後の共闘について話されたのが大きな励ましになった。

私は、検証総括委員長を解任された経緯をフェアに語るとともに、必ず開催地に応じて異なった話をすることにした。交流会を開いた都市周辺の地図を示して、柏崎刈羽原発からどの方向で、何km離れ、風向き次第でどのような放射能汚染の被害を受けるかを、技術委員会に提出されたシミュレーション結果を用いて解説したのである。原発から5km内のPAZ（予防的防護措置地域：柏崎・刈羽）と30km内UPZ（緊急的防護措置地域：柏崎・長岡・上越・燕・見附・十日町・小千谷・出雲崎）では放射能汚染をもろに受ける可能性が高いこと。30〜50km以上離れている地域（新潟・新発田・上越・三条・糸魚川・南魚沼・佐渡など）は避難者の受け入れ地域に指定されているが、風向き次第では一緒に避難しなければならないこと。また直接の放射能被害はなくても同じ新潟産であるということから風評被害を受けて、その回復は容易ではないことについて語った。どの地域も、万一柏崎刈羽原発で事故が起きた場合は、それぞれ被害の実相は異なるが、全県的に大きな痛手を受けるのは確実であると警告したのである。

また、佐渡では、芭蕉の「荒海や佐渡に横たふ天の川」にひっかけて、私の「原発や越後に横たふゴジラかな」という川柳や、「原発が爆発してもなお大雪止まず」というような俳句にならぬ俳句のようなものを紹介し、皆さんも原発に関わるこんな川柳や俳句を創られたらいかがですか、と持ちかけた。原発を笑い飛ばす精神も必要だ、というわけである。すると、さっそく会場で川柳を詠まれた人もいた。そんな試みを積み重ねるのも面白いのではないかと思ったことであった。

(c) 不十分な県の「総括報告書」

花角知事は2023年5月10日に、「今後、検証総括委員会は設置せず、検証結果に齟齬や矛盾がないかを確認して、県がまとめる作業を事務的に行う」と発表した。県として、検証委員会からこれまでに提出された報告書を事務的に整理して「総括報告書」を提出するとしたのである。検証総括委員会は、今はやりの「有識者会議」であり、異なった分野の専門家が集まり、それぞれ独自の立場から見識ある意見を述べ、あるいは専門的見地から検証結果を見直すという目的を持った委員会であった。そのような大所高所からの批判的総括を通じて、新潟県の今後の原子力行政に生かすことが期待されていたのである。しかし、そのことは不可能になり、単に事務的に検証結果の整理を行うと言うのだ。

花角知事の発表からほぼ4カ月経った2023年9月13日に、事務職員を動員して、技術委員会・生活分科会・避難委員会・健康分科会の4つの報告書をもとに、「福島第一原発事故に関する3つの検証～総括報告書～」が公表された。米山知事が委員会名に意識的に「新潟県原子力発電所」と冠したにもかかわらず、この報告書は「福島第一原発事故に関する」となっており、柏崎刈羽原発のことは一切触れておらず、福島事故に偏った矮小化された「総括報告書」である。

当然予想されるように、県が公表したこの「総括報告書」は「総括」の名に値しない不十分極まりないものと言える。その理由を要約すると、以下のようになる。

① 各検証委員会からの「報告書の概要」では報告内容を簡略化して提示し、さらに「関連する事柄の確認」として似た項目を抜き出して並べ直しているのみである。まさに、事務的に報告内容を手短に整理し、齟齬や矛盾がないかを項目を挙げて並べたものでしかない。事務官が日頃行っている資料整理そのもので、「総括」ではない。というのは、記載事項について何らの意見や批判やコメントが書かれていないためである。

② それも当然で、事務官がまさに事務的に整理したのだから、専門家が議論してまとめた報告書に対して事務サイドから意見を申し述べるなんてことはできず、機械的に処理するしかないからだ。「総括報告書」はこのような事務的文書ではなく、検証した結果をさまざまな立場や観点から検討して、その議論内容を総括したものでなければならないが、それはないものねだりと言うべきだろう。

③ 言い換えれば、専門家による検証総括委員会をわざわざ立ち上げたのは、まさに報告書を批判的に読んで、遠慮なく意見を付け加えて中身を豊かにすることを目的としていたためであった。各検証委員会からの「報告書」に、そのような観点からの検証総括委員会による作業が加わることによって、真の「総括」が可能になるのである。それがないのだから、県民が読んで原発について考える参考にもならない。

以上が、誰が読んでも持つ感想であろう。しかし、丁寧に読めば、事務的文書ではあるが、意図的なバイアスがかかっていることがわかる。報告書に書かれている福島事故の未解明問題は少ししか引用せず、被害が悲惨であることの記述は避け、長続きする事故の悪影響に関連する部分の引用をせず、あるいは極力減らし、事故の深刻さを表面に出さないように装う、という記述になっているからだ。読む人間に、「福島事故はたいしたことがない」との先入観を抱かせるような整理の仕方なのである。

例えば、技術委員会の報告書には、現時点で原因が明確にされていない「両論併記」の事象が4件記述されているのに、この「総括報告書」では1件しか引用しておらず、あたかも原因不明な問題がないかのように記述しているのだ。また、避難委員会の報告書の冒頭には「論点について新潟県に求めること」とはっきり書かれているが、最後に移されて記述が粗雑になり、新潟県に突き付けられた課題ではないような印象を与えている。さらに、健康分科会の報告書の抜粋には、わざわざ「参考」として「福島事故による健康への影響がない」との「UNSCEAR 2020 Report」や福島県「『県民健康調査』報告書内容」を、何のコメントも付さずに採録している。これを読む人間が目にすると、福島事故は健康にたいした影響はないという印象を持つよう、目立つように付け加えているとしか思えない。

このような県が作成した「総括報告書」なのだから、県民はまったく読むに値しないと無視するか、偏った内容に毒されて福島事故はたいしたことはないと判断するか、いずれかになるのではないか。県の当局者は、原発に対してもの言わない無関心な県民を増やすか、柏崎刈羽原発で事故が起こっても健康問題は心配ない、福島がそうなのだから、と県民に思い込ませようとしているのではないかと疑っている。そして、その狙いは中央政界や財界から期待されている柏崎刈羽原発の早期再稼働を実現させるためだろう。「総括報告書」をまとめた県の事務官には明確にそんなあからさまな意図はなくとも、おそらく知らず知らずのうちに中央の意向を忖度して迎合しようとしていることがわかる。

私は、県の「総括報告書」が公開された9月13日に、間髪を容れずにオンラインで記者会見し最初の批判をしておいた。そして詳細に検討した詳しい批判は、9月17日の十日町の集会の際の記者会見で行った。例えば、避難に伴う被ばくの健康への影響を検証するために健康分科会と避難委員会の合同の委員会が開かれていないなど、複数の委員会を合同で開催して議論すべき問題が多く残されていること。また、技術委員会の両論併記部分は単に両論が並べられているのみで、柏崎刈羽原発の安全性につなげて具体的に検討すべきであること。何より、検証総括で柏崎刈羽原発について何ら言及しないのはナンセンスであることを述べた。新潟県の原子力行政に対して具体的に問題提起するのが「総括」の役割だが、それがまったくなされていない、これではチャットGPTでも作成できる内容である。「欠陥のある『総括報告書』で本当に県民の信を問うことができるのか？」と疑問を呈した。そして、その場で県の「総括報告書」をはるかに上回る『池内特別検証報告』を年内に出すことを宣言し、その大ざっぱな内容の説明を行った。「二つの『総括報告』を見比べて、いずれが真に県民のためを考えているか、みなさんに判断してもらう予定である」と、私としては思い切った発言をしたのである。

(d) パンフレットの発行と『池内特別検証報告』の公表

『池内特別検証報告』の内容をすでにおおよそ決めていたこともあり、それを基礎にして、佐々木氏を中心にした「市民検証委員会」のメンバーが、「“自分ごと”として考えたら。げんぱつ事故と私たち」と題する16ページ立てのパンフレット作成にとりかかった。「新潟県の『三つの検証』取りまとめを、市民が改めて検証します」と、「市民検証委員会」の目標を掲げている。そして、副題を「原発『賛成／反対』を超えて」としているように、原発に賛成の人も反対の人も手に取って見て、新潟県の原発問題を一緒に考えようとのスタンスである（第6図）。

このパンフレットで、「3つの検証」でなされていない課題として強調しているのは、

① 原子力設備に関する「技術委員会」の課題：「東電は大丈夫か」と疑問を持たれる東電の適格性問題、「とうふの上の原発」と言われる柏崎の液状

化問題、「両論併記」の最初の福島事故は津波か地震かの問題、など数多くの難問を検討すべきであること、

第6図　原発市民検証委員会が作成したパンフレットの表紙

② 避難者の健康と生活に関する「健康・生活委員会」の課題：多くの避難者が困難な避難生活を強いられていることが問題で、その長期的・継続的な追跡調査が必要であること。健康分科会では、甲状腺がんの問題、メンタルヘルスの問題などが議論されないまま残されていること。さらに、生活分科会では原発事故による損失の補償（賠償）や回復が不十分であり、生活破壊をもたらした者の責任の問題が依然未解決のままである現状への調査・解決の提案がないことも付け加えている、

③ 避難計画の実効性について考える避難委員会の課題：避難とはどこで始まりどこで終わるのか、避難の成功とは何を意味するのか、大雪の日など複合災害の場合の避難をどうするのか、避難者の受け入れ計画は本当に機能するのか、型通りの避難訓練だけで大丈夫か、など避難計画に対して多くの人々が不安を抱いていること、

④ テロや戦争など有事の際の原発の危険性がクローズアップされており、これに対して万全の対処法はないのではないか、

⑤ 関係する諸機関において適格性が問題になるのは、東電は当然だが、立地自治体の首長や行政、原子力規制委員会、司法（裁判官）などの適格性の検証もある。これらは、本当に原発について判断する適格性を有しているのだろうか、

⑥ 原子力災害によってもたらされる広範な影響を、どのように克服するか、

風評被害をはじめとする経済的被害にどう対処するか、復興・再生・廃炉（事故処理）の道のりはどうなるか、市町村から出されている避難計画は机上の空論ではないのか、

等々いくつもある。

私たちは、これらの課題・難問を前にすると怯んでしまい、考えるのを後回しにする、考えないようにする、世間の動きに同調する、上の人々の言うことに従う、というようになりがちで、自分として真剣に考えようとしない傾向がある。しかし、いざ事故が起こった場合、最大の被害を被るのは私たちである。そのとき、何も考えなかったのだから自業自得だとして諦めるのだろうか。のみならず、放射性廃棄物の処理をはじめ、さまざまな厄介事は子どもや孫に委ねてしまうことになる。そんなことでは、政府や県の行政の無責任さを問うことはできない。それでいいのだろうか？

以上のような訴えをパンフレットに託し、その完成お披露目の記者会見を10月15日に行い、併せてこの日に、11月22日の正午から『池内特別検証報告』をPDF版で公開し、誰もが無料で取り出せる措置をするとの予告を行った（この『池内特別検証報告』を基礎にして本書を出版することになり、PDF版の無料公開は2024年1月いっぱいで終了した）。

第Ⅱ部

４つの「検証報告書」の概要とコメント

技術委員会・避難委員会・生活分科会・健康分科会からの４つの報告書が提出されている。それらの報告書は新潟県のホームページから取り出して読むことができる。しかし、それを傍において、報告書に対する私のコメントと照らし合わせながら読むのは大変だろうと考え、以下では、報告書が提出された、技術委員会（第４章）、生活分科会（第５章）、避難委員会（第６章）、健康分科会（第７章）の順で、報告書の概要を示しながら、私の意見をつけている。また、特に技術委員会と避難委員会については、私が他の文献で学んだことも含め、議論を付け加えている。

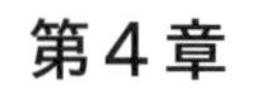

第4章　技術委員会の「検証報告書」

3つの検証委員会のトップを切って、技術委員会から2020年10月26日の日付で、「福島第一原子力発電所事故の検証～福島第一原子力発電所事故を踏まえた課題・教訓～」と名づけられた報告書が花角知事に提出された。この報告書は県の要望で「福島事故の検証」のみに限っている。そのこともあったのだろう。この報告書を提出するにあたって、委員会として議論が尽くされておらず、柏崎刈羽原発の安全性について論じていない、という理由で検証委員を辞任した人もいた。また、翌年（2021年）3月には何人かの委員が年齢を理由に交代させられた。県としては、報告書提出で技術委員会の検証は一段落したとして、煙たい人を敬遠する挙に出たらしい。結局、政府や東電に対して厳しいことを言う委員を排除したとみるのが妥当であるからだ。

4－1　「検証報告書」の概要と問題点

この報告書は274ページもの大部な冊子なのだが、委員会として検証した結果を記述したのは最初の59ページ分のみでしかない。つまり、215（＝274－59）ページは参考資料であって審議内容ではない。また、柏崎刈羽原発の安全性に関わる事柄は参考資料の部分で、「抽出した課題・教訓」として131項目を羅列しているに過ぎない。検証委員会としての本来の名称である「新潟県原子力発電所の安全管理に関する技術委員会」の報告書とはとても言えない内容である。「福島原発事故の検証の目的」として、「柏崎刈羽原発の安全に資することを目的とする」とあるが、実際には福島原発事故の検証のみでしかないのだから。

さらに、福島事故の検証に限っても、当初から困難を抱えていて不十分にしか行えないことは明らかであった。一般に、事故調査委員会（以下、事故調と略すことがある）の検証には、

① 事故現場の詳細な調査、
② 当事者や目撃者・関係者からの聞き取り調査、
③ 関係する文書・文献・情報の調査、

という3要件が必須とされる。ところが、①については、事故現場には強い放射線のためほとんど近づくことができず、また東電が危険であるとして一方的に現場検証を拒否するので、立ち入ることができないことが多い。②、③についても、東電が「機密的ノウハウである」「セキュリティ（安全保障上）の問題がある」「メーカーの資料だから出せない」という口実を使って聞き取り調査や文献調査への協力が不十分で、データを出し渋ることが再三であった。要するに、東電に事故原因を明らかにしようとする誠実な対応が欠けていたのだ。

そもそも技術委員会そのものは、2002年の東電の事故隠し事件が契機となって設置され、東電とは長いつきあいの中で県との間で「安全協定」が何度も結び直されてきた。とはいえ、政府や国会の事故調査委員会では「国権」だとして東電から情報提供を命令することができたが、新潟県の検証委員会と東電との間には「安全協定」しかなく、強い権限で情報公開や現場への立ち入りを要求することができないという弱点がある。技術委員会は、いわば東電の許容する範囲で調査・検証を行わざるを得ないのである。報告書を読む際には、この点をわきまえておく必要がある。

4－2 「検証結果」の内容

本報告書の核を成すのは、「3. 福島第一原発事故を踏まえた課題・教訓等（検証結果）」としてまとめられた部分（p.6～43）である。委員会では、まず福島原発事故に対して国会事故調など4つの事故調査委員会から出された事故原因と東電の事故対応の10の問題点を抽出し、課題別ディスカッションで出された6の課題について議論している。そして、最終的に10の検証項目に整理して「概括」「課題・教訓」「議論の内容」に分け、委員会で審議・検討した中身をまとめている。ここでは、それら重要事項として抽出された10の検証項目について、そのエッセンスを要約した上で、私のコメントを随所に付け加えている。

(a) 地震対策

主要なターゲットは、地震動によって重要設備であるIC（非常用復水器）が損傷した可能性についての議論である。国会事故調が「地震動により重要機器（IC）が損傷した可能性」を指摘したのに対し、政府事故調は「損傷した事実は確認していない」との相反した判断を述べている。これに関して本検証委員会は、「課題・教訓」において、「地震動によりIC系統の設備が損傷した客観的証拠は確認していない。一方で、損傷はなかったとする決定的な根拠がなく、損傷の可能性について完全には否定することはできない」と両論併記している。つまり、どちらであったかを判断できないとの正直な結論である。実際にICを目視することができない現状においては、当然の判断であろう。

しかし、両論併記するにおいては、関連する情況証拠をどう捉え、結果をどう推測できるかについて議論しなければならない。直接証拠がないなら間接（情況）証拠を積み重ねて核心に迫るのが出来事の真実を探るための常道であるからだ。ここでは、「議論した項目」が列挙されており、いずれも重要な論点を含んでいるので、以下(a)～(f)まで、短く引用しておこう（第7図）。

(a) 1号機原子炉建屋4階内部の現地調査では、放射線量が高く瓦礫が散乱しているため、配管損傷の有無を目視で確認することは困難であった。
(b) 1号機原子炉建屋4階内部の放射線量には非常に高い場所があり、東電が主張するように高い放射性物質を含むガスの漏洩がなかった、と判断することはできない。
(c) プラントデータ及び東電が行った格納容器内圧力の解析結果からは、全電源喪失（SBO）に至る大きな損傷を示すデータは確認されていないが、解析結果には不確かさがある。また解析結果は、格納容器外の損傷を否定する根拠とならないし、格納容器が健全であるからといって格納容器内の配管の損傷を否定する根拠ともならない。配管の微小な損傷が発生して、全

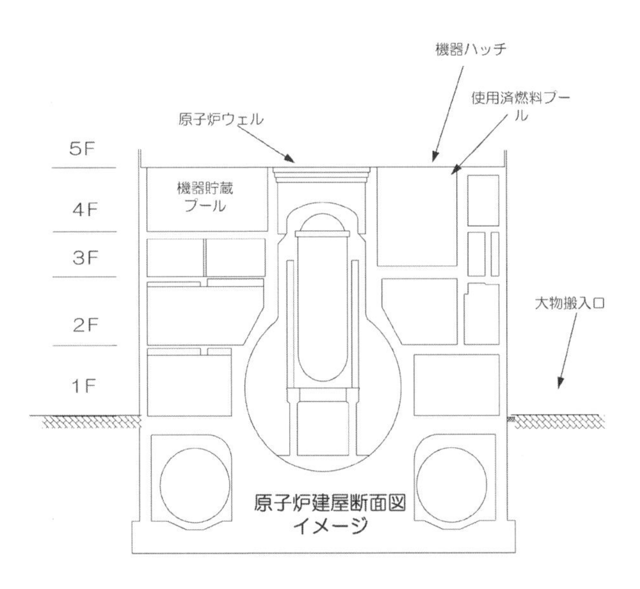

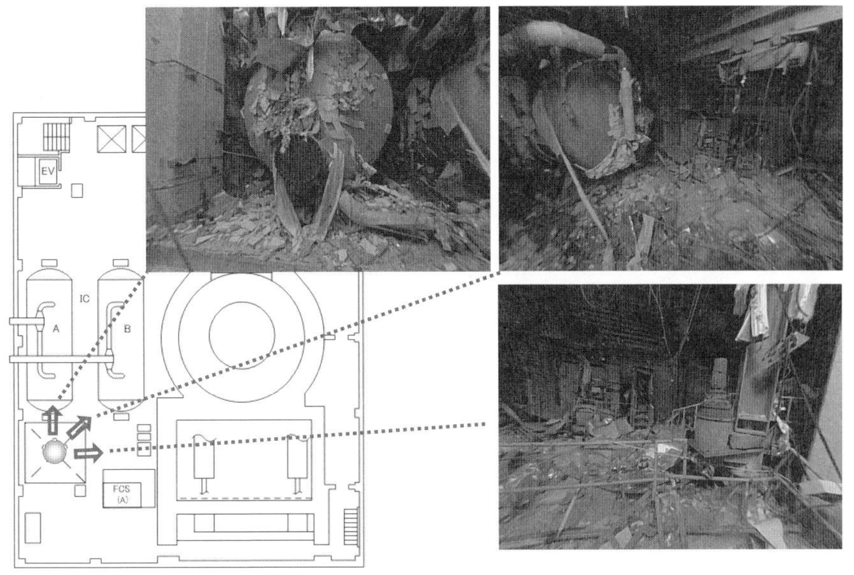

第7図　1号炉建屋内の断面図（上）と建屋4階平面図

出典：東京電力「福島第一原子力発電所１号機オペレーティングフロアの状況調査結果について」（2012年8月27日）。上図はバルーン調査部分を省略

電源喪失後にそれが拡大したという可能性を否定することはできないからだ。

東電の地震応答解析は配管支持装置などが正常との前提でなされており、その結果が評価基準を満たしているからといって、地震動の影響がなかったと即断することはできない。

(d) 5階からの爆風のみでは4階内部が大きく損傷することは考えにくく、5階の床の機器ハッチの蓋が所在不明であり、5階には熱源も電気もないことを考えると、爆発起点は5階より4階の可能性が高い。

東電が行った水素爆発解析は全体的な状況の推定のためとされるが、解析結果の妥当性、及び結果と実際の状況との整合性の判断は困難で、解析結果による水素漏洩経路や爆発起点の特定には限界がある。

(e) 1号機原子炉建屋4階における出水事象について、東電が出水箇所としている溢水防止チャンバは水素爆発で損傷した可能性があり、その変形だけで出水箇所とは断定できない。

断定するためには、溢水防止チャンバが地震動で損傷することを実験で実証する必要がある。溢水防止チャンバ以外にICの戻り配管内の溜まり水が出水した可能性もある。地震直後の照明の脱落で4階は真っ暗になり、噴出したのが水か蒸気か判断することができない。

(f) 1号機SR弁（逃し安全弁）の作動音は誰も聞いておらず、(2号機・3号機では作動音が確認されていることから)、作動していなかった可能性が高い。その不作動の原因は、小規模LOCA（冷却材喪失事故）による原子炉系配管の破損による圧力低下やSR弁の開固着が考えられる。実測データがないため、SBO後に1号機のSR弁が作動したと断定することはできない。

以上、いずれも慎重な記述であるが、東電の説明や解析に対する疑義があるとのニュアンスが強い。しかし、それを強固に主張するための証拠が得られないため、例えば上記(c)のように、地震動が破壊の引き金となったかどうかについて、奥歯に物が挟まったかのような言い方に終始している。地震動で壊れたとなると、「基準地震動」の設定への疑念に導かれ、それは原発全体の安全基準への疑いへと発展してしまいかねない。したがって、地震による損傷を否定するため、東電は現場を極力見せないという非協力の姿勢を貫いたのである。

それ以外に、委員・東電・県の事務局の打ち合わせで取り上げられた問題を、さらに7項目挙げている。技術用語が多く説明を省くが、上で議論された項目以外に次の4項目が指摘されている。

(g) シビアアクシデント進行時の1号機RPV（原子炉圧力容器）主フランジ（接続部）の挙動。過去にRPV主フランジの密封の健全性について分析・検討した例がない。
(h) SBO（全交流電源喪失）と津波遡上との関係（すぐ後に述べる）。
(i) 2号機PCV（原子炉格納容器）の地震による破損の可能性（格納容器に不可解な急激な圧力降下が生じている）。急激な圧力降下は、格納容器破損を示唆しているのではないか。
(j) 事故時にEOP（兆候ベース手順書）を使用しておらず、手順書通りに操作していれば2、3号機は救えた可能性がある。例えば、保安規定通りスクラム（原子炉の緊急停止）発生時に運転上の制限を遵守してICを止めたならば、津波が来る前に冷温停止状態に持っていくことができた可能性がある。

以上には、検証委員から指摘されて初めて議論になった問題もある。つまり、東電は何も言わずに済ませようとしたことは否定できない。

(b) 津波対策

重要設備（1号機非常用電源設備）が損傷した可能性について、津波ではなく、地震動によるのではないかとの指摘がある。これに対する検証結果は、「津波以外の要因による非常用電源設備の機能喪失に関する物的証拠は確認できていないが、津波以外の要因で電源喪失した可能性を否定することはできない」と、またもや両論併記である。津波到達時間を正確に見積もり、津波到達前にすでに損傷していたとの推測結果も発表されているのだが、ここではそれを具体的に検証していない。ただ「地震動に対する損傷防止対策又は損傷して内部溢水した場合の対策をとる必要がある」と、地震動による損傷の可能性を暗示して、課題をまとめている。その具体的な課題として、

①「電源盤・ポンプ・非常用電源の配置」について、津波・津波以外（火災・地震・テロ）で機能喪失しない配置、浸水経路の特定、想定する津波の高さへの考慮、
②「防潮堤・水密化対策」において津波の評価・津波警報発生時の体制強化など、

としか書かれていない。これらの課題を列挙するだけでなく、柏崎刈羽原発において具体的な対策が施されているかどうかを検討し、「両論併記にならないための万全の措置」が実際に採られていることを具体的に示さなければ、検証の意味がないのではないか。

他方、津波が非常用電源設備の機能喪失の原因であるかどうかについて、

(a) 津波の到達時刻の推測では、津波が電源盤に到達する以前に非常用交流電源喪失の可能性がある、
(b) 電流・電圧データとタービン建屋への浸水経路調査から、電源盤への海水の浸漬が交流電源喪失の一つの可能性だと確認できたが、循環水系・ディーゼル発電機冷却系配管損傷などの内部溢水の可能性も否定できない。とはいえ、それらに対する地震動による損傷の有無は確認できない、

と、やはり「津波か地震か」決定できないとしている。せめて決め手とできるための現場の課題を明記し、それに関係する部分の装置・機器などの保全を要求しなければならないのではないか。また、柏崎刈羽原発において、このような不確定が起こらないようにするためにはどのような措置が必要で、どこまで手を打っているか、も書き添えておくべきである。

(c) 発電所内の事故対応

事故発生時に生じたさまざまな事故への対応の問題点として、「非常用設備の活用」「ベント操作等の対応」「発電所内でのコミュニケーション」「事故対応のバックアップ」が課題として抽出されている。実際、「東電の事故対応マネージメントの議論」を踏まえた対応と、「事故時運転操作手順書に基づく」対応があるが、どちらもごく当たり前の教訓が書かれているのみで不十分である。必要なのは、「重大事故を想定した安全対策マニュアル」や「事故時運転操作手順書」を整備し、それに従った訓練の結果を踏まえて整備・評価・改善を継続的に繰り返すこと、定形的な事故シナリオだけでなく、変則性をも加味したさまざまな事象の訓練を実施すること、であると述べている。この辺りは、実際の事故現場において欠如していた事柄なので技術委員会として言いやすかったのであろう。

深刻な課題として、吉田昌郎所長が独りで指揮する中で、

① 情報が的確に伝わっていない、
② 吉田所長は運転操作に関する詳細を知らず組織的対応ができなかった、
③ 発電所対策本部の指揮系統は機能しておらず、
④ 事故対応要員が不足しており、
⑤ 協力企業（下請け）に依存していたため東電職員の事故対応能力が不十分で、
⑥ 複合災害・複数の号機の同時被災を想定しておらず、
⑦ 東電本店は官邸の意向ばかりを気にして現場を混乱させるのみであり、
⑧ 発電所への人員や機材の支援体制が整備されておらず、
⑨ 自治体への正確な情報が伝達できなかった、

と、反省すべきことがいくらでも出てくる。

それらは、原発を動かす事業体としての東電の「危機対応意識（と技量）や安全文化の欠如」にあることは明白である。要は、事前の想定を超えた緊急事象への訓練が不十分であったため、事故対応が場当たり的となったということなのだ。事故の発生・進行をまったく想定していなかったと言わざるを得な

い。「安全神話」にすっかり毒されていたのである。

(d) 原子力災害時の重大事項の意思決定

ここでは、「重大事項の意思決定について、経営への配慮等により遅れが生じないよう、誰がどう対応すべきかの検討」が重要課題として取り上げられている。ここで言う「重大事項」とは「海水注入」と「ベント操作」のことで、その決定の手順である。海水注入は、これを行うと原子炉が汚染されて、もはや使いものにならなくなってしまう、いわば原子炉設備を所有する東電の利害問題である。これに対し、ベント（排気）操作を行えば放射性物質が広く放散されるので周辺住民の被ばくにつながり、東電のみに閉じない問題である。ベントを行う際は事前に国の了解を得ておくことが必要で、当然放射性物質の放出を広く公衆に伝えなければならない。ところが、国の了解について東電の本店と現場の間で意思の齟齬があり、住民への連絡の遅れや住民の避難確認など、自治体や関係機関などへの情報伝達を含め、危機管理体制のあり方を検討すべき事項が多くあった。東電は国のことばかり気にして自治体住民へは目が行かないという、抜き難い住民軽視体質があった。この点を厳しく反省しなければならない。とはいえ、記述の文言から判断すると、技術委員会にもその体質があったのではないかと推察される。

さらに「ICの操作」において数々のトラブルが生じているのだが、そもそもこれまで一度もICの実作動の確認をしたことがなく、フェイルクローズ（失敗すると作動中止）となる設計のため電源喪失が起これば作動しなくなることを誰も知らなかった。このように現場の人間すらICの実際の作動を確認しておらず、また作動条件を知らなかったという実態を見れば、そもそも東電に技術的管理を任せるだけの資格がなかったと言わざるを得ない。技術委員会としてもっと強く批判してしかるべきであった。

(e) シビアアクシデント対策

テロを含め、原子炉に不測の事態が生じて核分裂反応が止まっても、原子炉そのものは冷却し続けねばならない。そのため、注水系や徐熱設備を多様にしておくことが極めて重要である。ところが福島原発では、全電源喪失を想定した場合の手動操作のような手順書がまったく用意されていなかった。これも決定的な失態である。この失敗から、シビアアクシデント（本報告書では、「過酷事故」と呼ばず「シビアアクシデント」と呼んでいるのだが、なぜなのだろうか）に対応する要員や専門家の育成、テロ対策を事業者だけに任せない、などの教訓を得ているが、それはごく初歩的な手当てに過ぎない。そのことをもっと強調すべきである。

4号機の水素爆発は、3号機で発生したガス処理系から水素が4号機に流入して蓄積・爆発した可能性が高いとしている。原子力規制委員会は4号機爆発のために必要とされる水素の量を400kgと見積もったが、政府事故調は3号機の水素発生量を800kgとし、MCCI（コアコンクリート反応）が水素・二酸化炭素の発生要因と見做している。しかし、これらについての詳細な解析はなされないままである。そもそも東電は、原子炉建屋の水素爆発の可能性について何ら検討していなかったのだ。

さらに東電は、原子炉圧力等のプラントデータについて、どのようなデータが存在しているか完全に把握していなかった。のみならず、出されたデータを加工した疑いがある。しかも東電は、データを客観的に判断できるような形で公表していない。また、公表したデータであっても、一方的に改訂して、その説明をしないということがたびたびあった。このような東電の不誠実な態度について、検証委員会はもっと厳しく追及して正直にデータを出させなければならなかったのだが、その念押しが弱い。例えばシミュレーション結果が出された場合、とりあえずはシミュレーションに使ったプログラム・コードを公開させ、テスト計算を行って正常に処理を実行することが確認されなければならない。シミュレーションによる結果だけを見せられても信用できるかどうかわからないからだ。技術委員会はどうやら東電にシミュレーション結果の提出を「お願いする」だけの立場で終わったようである。

(f) 過酷な環境下での現場対応

電源喪失で照明が使えず、津波による建物破壊で瓦礫が山積し、放射性物質の放出と放射線量の上昇という悪条件のため、現場において職員の事故対応が敏速にできなかったと言い訳されてきた。そこで、作業従事者の高線量下の被ばく線量限度を見直し（高被ばくを許容する）、協力企業だけでなく、事業者である東電の社員が直接対応する体制の必要性などの課題を述べている。作業従事者の線量限度を100 mSvから250 mSvへ引き上げることの提案と、それを絶対値とするか目標値とするかの議論を行っている。しかし、単に線量限度を引き上げるだけの単純な提案ではなく、過酷条件下の作業についての幅広い見地からの検討が必要であった。

福島事故は、

電源喪失 ➡ 原子炉内の減圧の失敗 ➡ 冷却系統のシステムの故障 ➡ 水位計の誤作動 ➡ 格納容器のベント失敗 ➡ 炉心溶融そして水素爆発、

という一連の失敗と機器の不具合が連鎖的に起こって、事故の推移を制御できないまま破局に至ったとしている。以上の事故のプロセスを見ると、電源喪失から炉心溶融まで「失敗・故障・誤作動・失敗」が連鎖しており、その原因と対処についての処方は明快に指摘できるはずである。

つまり詳しく検討すべきなのは、各段階でどのような手立てが講じられていれば、「失敗の連鎖が食い止められたか」の系統的な解析である。この点で、技術委員会は現場の混乱をそのまま引きずっており、冷静な分析が行えていないように見える。それはこんな危急の場合は不可能と言うかもしれない。であるなら、いったん過酷事故状態に陥ると、そのまま事故の拡大を阻止することができず、否応なく大規模な放射性物質の漏洩という破局に向かってしまうことになる。この点をしっかり自覚し、その危険性をもっと強調すべきである。私たちは、そんな危うい技術と共存していることを、はっきり認識しなければならないからだ。

(g) 放射線監視設備、SPEEDIシステム等のあり方

福島事故においては、モニタリングポストが十分に働かず、オフサイトセンター（緊急事態応急対策拠点施設）は放射能汚染で使用できず、SPEEDI（緊急時迅速放射能影響予測ネットワークシステム）も有効に使えなかった。その各々の反省点を踏まえ、どんな環境下でも監視可能な設備、常時稼働するモニタリングポストの増設、可搬式設備の必要性を述べているが、それらにかかる費用はたいしたものではないことも示すべきだろう。東電は経費節約を第一に掲げていたのだが、実はそんなに経費をかけなくても整えられる設備までも省略していたのである（例えばオフサイトセンターの放射線遮断装置）。

ここで技術委員会として、SPEEDIとERSS（緊急時対策支援システム）の一貫した運用と結果の公表のあり方の検討を提案している（第8図）。原子炉からのデータがERSSへ送られ、ERSSからSPEEDIへ情報が送られる手順となっていた。そして、福島事故ではERSSが正常に働かなかったため、絶対値がSPEEDIに送られず、相対値しか計算できなかった。そのことを理由にして、原子力規制委員会がSPEEDIの運用に後ろ向きになったことを強く批判すべきであった。使いようによっては十分意味のあるデータを供給してくれるSPEEDIを、簡単に否定してしまうのは正しくないからだ。SPEEDIは風向き・風速・放射性物質の放出量・放出状況などの絶対値を正確にインプットしないと誤差が大きいとされるが、その欠点を知った上で、大まかな汚染状況を

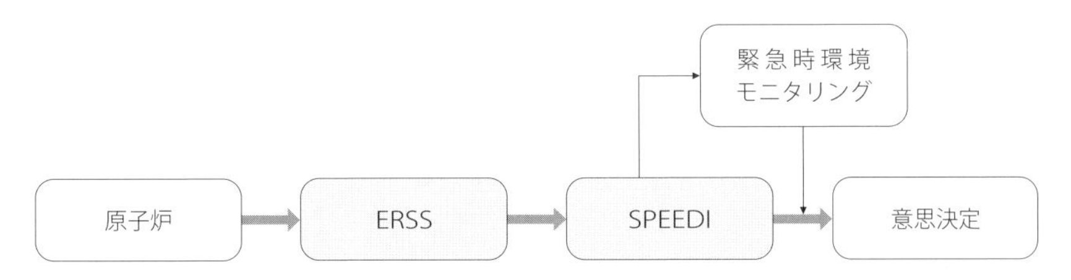

SPEEDIは、原子炉の温度、圧力、放射線量などのデータをERSSから受け取って、SPEEDIが持つ地形情報と気象予測とに照らし合わせ、原発周辺地域の被ばく量を予測し、避難を指示すべき区域を決定するための情報を提供するシステム

第8図　SPEEDIとERSS

出典：福島再生「SPEEDIとは何だったのか」（https://revive-fukushima.com/speedi/）より作成

把握するために使えば十分に役に立つのである。

また、オフサイトセンターの役割・施設のあり方を再検討し、さらに複合災害やシビアアクシデントに対応できる特重施設（特定重大事故等対処施設、テロなどの際に中央制御室から離れた場所で原子炉を制御することができる施設）とすることは緊喫の課題である。原子力規制委員会は特重施設の建設を義務づけており、柏崎刈羽原発ではすでに完成している。ならば、事故時に実際に機能するか、必要な備品を完備しているかなどについて、委員会として念を押し点検しておくべきである。

(h) 原子力災害時の情報伝達、情報発信

東電のメルトダウンの公表が2カ月後になったことの追及を、委員会はもっと厳しく行うべきであった。むろん東電の固いガードに阻まれたであろうことは容易に想像できるが、そのような東電の秘密主義の対応ぶりも具体的に書いておくべきであった。東電の情報操作のやり口を知る上で役に立つからだ。これに対し、情報収集と情報の発信基地であるはずのオフサイトセンターがまったく機能しなかったことの問題は、「安全神話」があったとともに、「情報公開」の姿勢が決定的に欠けていたことをはっきり露呈した。一般に企業は、情報公開のための施設の充実には熱心でない。利益に直結しないからだ。しかし、いざ大事故が生じると、オフサイトセンターは必要不可欠である。その点を現在の資本主義が抱えている欠陥として論じておくべきであった。

ここには、リスクコミュニケーション方法の研究とともに、原子力事業者として国との対応のみに終始せず、事故の危険性を主体的に伝え続けていく等の教訓があったと書かれている。しかし、いかにも形式的な論評で、その中身についての詳細な吟味が必要である。キーワードとして、迅速で正確な情報発信の一元的体制と方法、防護対応を行う際の明確な基準、自治体と住民の協力体制の構築、避難やヨウ素剤服用指示の決定・タイミングの策定、「炉心溶融」という言葉の使用、「炉心溶融」から「余震損傷」への用語の変化、「炉心溶融」の根拠・定義において社会的認識の欠如、等を挙げている。いずれも東電がどう対応して柏崎刈羽原発に生かすのかが問題であり、その具体的な対策が

採られているかをチェックする手立てを示すべきであった。

(i) 新たに判明したリスク

事故直後に設置された4つの事故調査委員会の報告から、新たに判明したリスク・課題として、以下のような4点を抽出している。

① 使用済み燃料プールが抱える危険性：プールの水位を維持する設備や水位を把握する設備の提案、原子炉建屋内の高所（5階）に大量の使用済み燃料を置かないこと、安全基準の設定、
② 複数機が同時に事故を起こしても対応できる体制の構築：汚染水の発電所外への大量流出の防止、集中立地リスクの安全基準の設定、
③ 機器・系統の共通要因故障について確率的安全評価の改善：代替設備の用意と規格の統一による汎用性の向上、
④「新知見に照らし、継続的な改善が必要」：耐震審査指針の「残余のリスク」にどのように対応すべきかの検討、

とあって、新たに見出されたリスク要因を付け加えていることは評価できる。しかし、②の集中立地による複数の原発が同時に事故を起こした場合については、柏崎刈羽原発に直ちに適用できる非常に重要な課題であることをもっと強調し、どのような体制を組むことが可能か（不可能か）について意見を述べておくべきであった。また、④の「新知見」とは何を意味しているかまったく不明であり、したがってどんな「継続的な改善」が必要なのかわからない。どうやら「想定外」であったことを「新知見」と言い直して、「そもそも想定できなかった新しい知見」、失敗学における「未知」の事柄、と言いたいようだが、言葉のごまかしに使われている。

(j) 原子力安全のための取り組みや考え方

福島原発は従来の規制基準を満たしていたが最悪の事故に至った（引き起こ

したと言うべき）として、以下のような安全の取り組みを提案している。

① 安全のために大局的な視点で対策を組み立て、世界の動向に注視して積極的に規制を取り込み、事業者の安全性向上の姿勢を抑圧することがないよう規制の在り方を検討し、規制と事業者の逆転現象（「規制の虜」）が生じないよう、規制の技術レベルを向上させる仕組みが必要。
② 事業者が継続的な安全向上の努力をなす仕組みを構築し、経営者は現場が安全第一で取り組む姿勢を重視し、社員全員が安全第一の企業文化を培って世界に発信すること。
③ 原発の安全は一発電所の技術管理の問題ではなく、世界の安全保障につながる問題として捉え、機器の故障や自然災害のみならずテロへの防備も必要で、さまざまな分野・産業の知見を取り入れ、精神論の「安全文化」に止まらず、制度面からの安全文化のための取り組みを促す仕組みを検討すること。

何度も「世界」という言葉が使われていて、ずいぶん大仰に見える提案だが、特に②、③はごく当たり前のことを述べているだけだから、何ら新しい提案になっていない。制度面からの「安全文化」に取り組む仕組みを言うなら、具体的な例を示すべきで、このままではまさに「精神論」でしかない。

①において、規制が厳しいことが逆に安全性向上の姿勢を押さえかねず、かえって「規制の虜」に陥りかねないと言っている。これは、規制そのものについての事業者の立場からの疑問・要求の代弁となっている。むしろ、事業者には規制はそれさえ満たしておけば十分との捉え方があることをもっと厳しく批判しなければならない。規制は最低限の要求なのだが、現実ではそれを上回って実践しようとせず、規制さえ満たしておけばそれ以上安全のための措置を講じる必要はない、という事業者の態度が根強いからだ。

(k) 避難委員会への提案

さらに、今後の避難委員会の議論に資するため、防災対策に対する事項を整理したとして、以下のような課題を述べている。技術委員会からの避難委員会への貴重な提案で、これをきちんと受け止めるために、検証総括委員会が2つの委員会を結びつける役割を果たすべきであった、と今にして思う。その課題とは、

① 放射線監視設備の検討、
② SPEEDIとERSSの一貫した運用と結果の公表の在り方の検討、
③ オフサイトセンターを複合災害・シビアアクシデントを対象とした施設とすること、
④ 防護対応のための、緊急事態の区分や放射線量の明確な基準の情報発信、
⑤ 複合災害時の県の対応や自治体の訓練、自治体と住民の協力体制、確実な情報手段の構築、放射線や原子力災害の基礎的知識の普及と啓発、避難・ヨウ素剤服用の意思決定の方法、

である。①～④については、技術委員会において議論してきたが、避難委員会としての立場からも検討すべきではないかと提起しているのだ。確かに、どれも避難の過程においても考慮されるべき事項であって、両委員会で検討する価値がある。また、⑤において県や自治体と強く関係する課題を指摘しており、まさに避難委員会としてこれらを検証すべきであった。

さらに避難委員会と共通する課題として、人々への情報伝達や具体的な影響の告知についての問題点をもっと洗い出すべきなのではなかったか。原発の事業体である東電と立地自治体との日常的な結びつきを通じての、緊急避難についての課題がさらに多くあったはずである。技術委員会報告が避難について形式的な記述にとどまっているのは、自分たちが本格的に議論すべき範囲ではないと判断したためだろう。

いずれにしろ、技術委員会から避難委員会への問題提起がまったく議論されないまま放置されたことは誠に残念である。

以上が、技術委員会から出された報告書の「検証結果」の要約である。私が不審に思ったのは、福島第一原発は「格納容器の容積が小さいため冷却能力が

脆弱である」ことが従来から指摘されていたにもかかわらず、そのまま使い続けたという疑問が技術委員会として何ら問題にされていないことである。それは福島の事故原因に直接関係することではないから、技術委員会の検討事項ではないと言うのだろうか。しかし、経済的負担を避けるために欠陥のある原子炉をそのまま使い続けてきたという、そもそも福島第一原発が抱えていた根本的な欠点を指摘しておくべきであった。それは技術委員会の見識に関わることであるからだ。

4−3　東電の「安全文化」の問題点

東電の幹部・社員・技術者の、事故前と事故後の対応、事故に対する心構え、日常の訓練、などに関わる「安全文化」の考え方のキーポイントとして、以下のような問題点が指摘できる。「安全文化」は意識して創り上げねばならず、以下には私の批判も含めている。

(1) 過酷事故対策をアクシデント・マネージメントと言い換え、事業者の自主的取り組みにおいてアクシデントの原因を内的事象（機器の故障や不具合）に限っており、外的事象（天災やテロなど外部からもたらされる損傷や破壊）への対策が疎かであった。

(2) 東電は事故が起こってから、ようやくそれと関連する事項にも対策を講じるという姿勢、いわゆる「水平展開」に終始してきた。また、法令上要求されるレベルの教育にとどまり、それを上回る能力向上の教育がなされなかった。法令は最低限の要求なのだが最大限の要請と見做し、それを満たすことが目標となっていた。「規制基準」に対する対応とまったく同じ発想である。

(3) 特に緊急時対応能力が脆弱で、専門職掌別の縦割り組織の欠点が曝け出された。職員は専門以外の問題にはまったく対処できなかったからだ。また機能班と呼ばれる「発電、復旧、技術」を担当する職員は、基幹要員であるにもかかわらず総合的視点が欠如していた。

(4) さらに技術職員は専門化・細分化していて、専門以外の技術については無知であり、緊急時に分野横断の総合的視点が欠けていた。そのため、組織として責任を持った意思決定ができず、過酷事故に対する訓練・対処が欠如していた。

(5) 東電には、過度の下請け依存体質があった。例えば、事故の際の必要機材を社員は使えなかった。また、東電の社員が担うべき緊急時や異常時の対応について何ら取り決めがなく、社員は右往左往するのみであった。そのため、被ばくの危険性のある作業や下請けの契約内容に入っていない作業等への要請をすることができなかった。

(6) 以上の反省から、東電の社員は、重要施設・設備のみでなく周辺設備など設備全体に目配りして、常に全体像を捉える訓練をしておかねばならない。さらに、そこに「もしＸＸが起こったなら」というような仮想的事象を想起し、事故の進展について想像力を磨いておく必要がある。

(7) 事故は予期せずに起こるのだから、考えていたこと以外の対処ができないのは明らかである。さらに緊急事態の進行は速いから臨機応変にならざるを得ず、最善の策を期待できないのも当然である。したがって、平時の段階であらかじめ有事があることを考え尽くしておき、いざというときに何をすべきかを正しく選択できる準備をしておかねばならない。

4−4　東電の対応の問題点

事故後の事故調査委員会や検証委員会に対する東電の対応の問題点がいくつも指摘されており、それらは一片の反省文のみで克服されるものではない。指摘されたことをしっかり銘記して改善の努力を積み重ねなければならない。以下は、東電の対応の問題点についての私の意見も交えた注文である。

(1) 東電は、核セキュリティに関係するとか、メーカーの資料であるとか、機密ノウハウに関わるというような理由を持ち出し、現場検証時でも原子炉や格納容器に関するデータを出し渋ることが頻繁に起こっている。これらは事故の科学的究明を大きく妨げる行為であり、そのような態度が現在もなお続いていることを反省し修正しなければならない。

(2) 東電は自分たちの立論を定めると、それに合致する事柄ばかりを強弁し、別の可能性や反論について吟味しようとせず、参考人招致にも反対する状況である。そのため、現場検証に差し障りが生じ、それ以上突っ込んだ議論が不可能になっている。1号機の損傷が、地震によるのか、津波によるのかの論争において、現在ではもっぱら東電の情報のみで津波説のストーリーが作られ、それが通用する状況となっている。はたして、それでいいのだろうか。

(3) 東電はMAAP（事故解析プログラム）の結果を強調し、それ以外の解はないというような態度をとることが多い。ところが、プログラムを公開しないから追試しようがなく、またその計算結果がどこまで一般化できるかも明らかにしないので、その主張の正当性に疑問を持ってしまう。このような態度は科学的な真実追究の姿勢からほど遠いと言うべきである。

(4) 東電では、トップの監督責任と、業務の細部がわかっている現場指揮者の責任について、それぞれの立場の責任の範囲が明確にされていない。そんな状況であるから、結果として緊急時の作業の不作為の責任を誰もとらないという状況になる。「何もしないこと（不履行、不作為）は法令違反である」との意識を、責任ある立場の人間に涵養・徹底しなければならない。

(5) 事故を起こした東電のみならず、いわゆる原子力ムラの人々は、事故を「想定外であった」ことにしたいという願望が強い。外部電源系の多様性・独立性が確保されていなかったのは、そもそも外部事象（天災・火災）の襲来や規模を「想定外」としてきたためである。実際、外部電源として新福島変電所1カ所のみしか確保していなかった。対照的に、女川原発は複数の独立変電所を確保していた。女川で外部電源喪失の想定まで範囲を広げていたのだから、福島原発では「想定外」であったとの言い訳は通用しない。安全指針は最低限の措置（例えば1つの変電所）を規定しているのみで、それ以上は規定していないが、それ以上の安全措置を進んで行うことが常識とならねばならない。アメリカではもっと厳しい要求をしていることを、事業者は学ぶ必要がある。

(6) 電源確保のような事故対応の手順は本来内部事象であるから、実は「想定外」のことが起きたという言い訳は成り立たないのである。非常用所内電源（所内ディーゼル）や電源盤の多重性・多様性・独立性の確保は、平時の事故対応において想定されているべきことであり、想定外はあり得ないからだ。しかし、実際の指針では配電設計についてのガイドラインがないため、配電分離の規程が不十分なまま東電に委ねてきたという欠点もあった。

4−5　原発運転前に検討すべきこと

その他、柏崎刈羽原発を実際に稼働させるような状況になった場合を考えて、以下のような問題について、技術委員会として詳しく検証し、東電に履行させねばならないのではなかったか。以下、私の意見をも交えた東電への注文である。

(1) 原発の運転員は、複数の手順を並行して行わねばならず、また2基以上に同時に対応しなければならないこともある。そのような重い仕事であるから、多くを機械に任せて自動化・パッシブ化したシステムとしている。しかしながら、その場合、機器に問題が生じ、運転員として直ちに原因が解明できないときは問題がどんどん拡大し、阻止できなくなってしまうことになる。だから、原則的に人力による手動化・アクティブ化したシステムとしておくべきで、その方が機器の問題点を洗い出しやすいことは自明である。

(2) 原発の運転は、当直長と約10人のメンバーを5組程度編成し、24時間勤務を2〜3交代で行うのが普通であろう。運転員はいわゆる機能班（機械・電気・計装・制御・技術に堪能な技術員）を中心とし、かれらはシステムや機器の知識と経験が豊富で、現場の計器の配置状況をしっかり記憶していることが求められる。ところが、この10数年間、東電は原発を実際に動かしておらず、運転経験豊かな技術員が極めて少なくなっている。特に当直長は、いざ事故が発生したときには、状況を正確に把握し、的確に対応し、慌てずに指示を出す、という責任ある行動が求められる。故障や事故への対応はマニュアルにないことが多いから、知識と経験による応急対応が不可欠なのである。しかし、そのようなベテランの技術員が、はたして東電にどれほどいるのであろうか？

(3) 原発事故が深刻化する原因として、MCCI（溶融炉心コンクリート反応）が指摘されているが、これまでなかなか有効な対処法が見つからなかった。近年、ヨーロッパで提案され進められているのは、MCCIに備えて圧力容器の下に水を張り、さらに格納容器をコアキャッチャー（炉心溶融物保持装置）で包み、溶け落ちた原子炉を直下で受け止め冷却するという装置で、実際に実行されている。大きな予算が必要なのでこの技術委員会では検討していないようだが、検討すべきなのではないか。

(4) 原発の金属の経年劣化の原因として、①腐食、②金属疲労、③放射線損傷（中性子照射による劣化）が指摘されているが、日本では本格的に研究が取り組まれていない。脆性破壊評価法（金属が脆くなって破壊される事象を評価する方法）が未完成のためである。しかし、有効とされる方法もあり、長期のデータの蓄積を行うという意味もあるので、この問題についての継続的な調査・実験・研究を行うことを求めたい。特に、40年どころか60年を超える原発を運転できる法律が通った今、経年劣化問題についての研究を真剣に進めねばならない。

(5) 柏崎刈羽原発の安全性に関連して特に懸念される問題は、大湊側の基準地震動が小さ過ぎるという指摘である。佐渡海盆東縁断層の存否については、現時点では両論併記となっていて、技術委員会の小委員会で専門家のより詳細な検討が必要だと合意されながら、その後小委員会が開かれないままである。だとすれば、考え得る限り最大の地震を想定すべきである。現在の基準地震動では小さ過ぎることは明らかであるからだ。

(6) 格納容器のフィルターベントについて、いくつかの問題点が指摘されている。一つは、ベントを行ったときにガスの逆流が生じて、水素ガスが格納容器内に逆流入する可能性で、水素ガスの挙動とも絡んで詳しい解析が必要である。もう一つは、ベントを行うタイミング（条件）で、現在は2Pd（Pdは格納容器内の許容される最大の圧力）としているが、これは甘過ぎ、格納容器破損の可能性を考えて1Pdとすべきではないか。たとえ格納容器が破損しないとしても、2Pdでベントをすれば、非常な高圧のために多量の

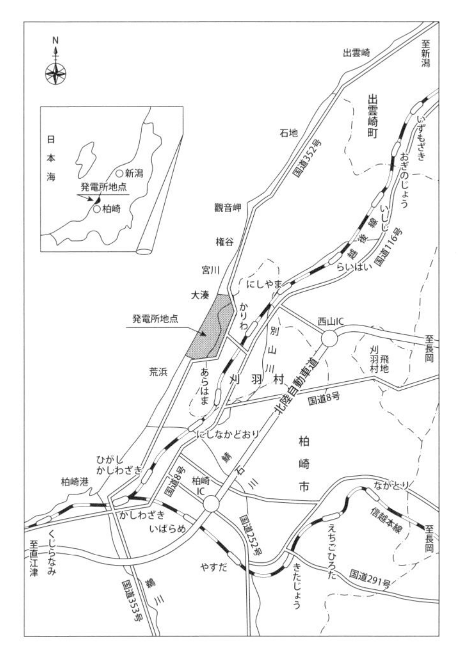

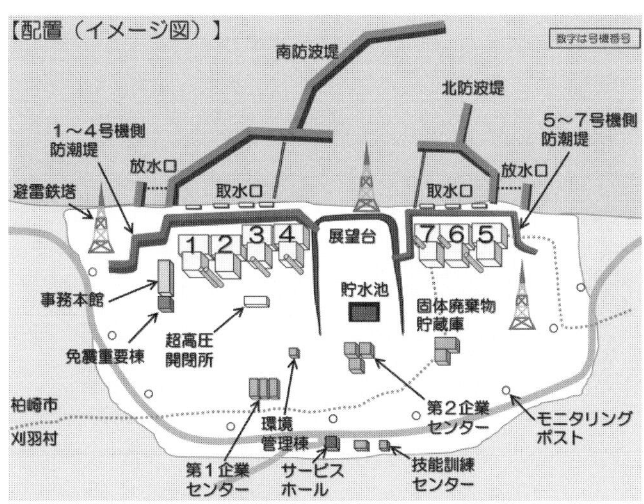

第9図　柏崎刈羽原発の立地図（上）と原発敷地内の配置イメージ図

出典：柏崎市ホームページ「柏崎刈羽原子力発電所の設備概要」（https://www.city.kashiwazaki.lg.jp/soshikiichiran/kikikanribu/bosai_genshiryokuka/1/13/5258.html）。上図は原図をもとに複製

放射性物質が外部に放出されることは必至で、周辺住民に多大な危険性を及ぼす可能性があるからだ。いずれにしろ、ベントは放射性物質の外部放出につながるのだから、周辺住民から特別な承認（「インフォームドコンセント」）を得ておくことが必要である。「最悪の事態を、より確実に避ける」論理を貫徹しなければならない。

(7) さらに、水素爆発対策としてさまざまな措置を採っていると東電は言っている。しかし、東電は水素ガスの漏洩箇所や移動経路や濃縮メカニズムなどについて解析モデルに頼り切っており、はたしてそのまま信頼していいのかという問題がある。廃棄ダスト内爆発というような思いがけない水素の流出経路が存在することも想定しなければならない。東電は、柏崎刈羽原発に対流を防ぐ装置や水素ガス検知器の配置などいくつもの対策を講じていると言っているが、実際に生じ得る状況にきちんと対応しているかを丁寧に吟味して、本当に有効であるか繰り返し検証する必要がある。

(8) 福島原発事故で現実に生じたことは、日本の全家庭1軒当たりに「バケツ3杯分の汚染水（全体で126万 m^3）とドラム缶1本分の汚染土（全体で1400万 m^3）」を配れるくらいの大事故であった。このことをはっきりと認識しなければならない。また、原発は一般に地下水が豊富な海岸縁に設置されており、地下水レベルを一定に保つため常時ドレイン（水位調節井戸）からポンプで水を吸い上げて海中に放出をしていることも忘れてはならない。そうしなければ原子炉が不均等な水圧のために傾いてしまうからだ。柏崎刈羽原発においても地下水問題は深刻で、いったん事故が起これば福島原発と同様の（水の量から言えばそれ以上の）汚染水が発生するのは必至なのである。

(9) 東電の「善意」を指摘しておこう。柏崎刈羽原発の1～5号機は、柏崎市長が求めるように廃炉にしてもかまわないのだが、東電としては「善意」からその措置を行っていない。その理由は、原発維持のための工事を創出して立地自治体への経済的援助を持続し、加えて施設の固定資産税によって地元に寄与するためであるらしい。また、軽微なトラブルや不祥事などの「不適合情報」は、原子力規制委員会への通報義務ではないのだが、「誠意」を見せるため軽微な事柄もわざわざ通報している。しかし、その通報は「善意」や「誠意」で行うものではなく、本来は事業者の「義務」なのである。

(10) そもそも、現在の原発事故出現の推計には、東電は確率論的リスク評価（PRAと言う）のみしか行っておらず、事故が起これば原子炉事故解析ソフト（MAAP）によるシミュレーションに頼り切っている。しかし、その手法に限界があるとの認識を持っていない。まったく独立した、異なった手法で別々に計算や解析を行って、その精度や結果の違い（多様性）を調べることがシミュレーションという方法の常識なのだが、それらは一切行われていないことが科学の立場から見た重大問題である。

第５章　生活分科会の「検証報告書」

3つの検証体制の1つとして、「新潟県原子力発電所事故による健康と生活への影響に関する検証委員会」が発足し、当初より、健康分科会と生活分科会に分かれ、別々に検証作業を続けてきた。実際には、健康の状況が生活に及ぼす影響が大きく、逆に生活実態に由来する健康問題も当然生じているはずなのだが、2つの分科会は独立したままでとうとう合同の会が開かれなかった。そのため、健康と生活の相互関係という観点からの検証は行われないままであった。検証総括委員会が開催されていたら、その議論の橋渡しをしていただろうと思うと残念である。生活分科会からの「検証報告書」は、2021年1月21日に提出されたのだが、その時点で原発事故に起因する生活に関わる困難が終わったわけではなく、その後、検証委員会の終了まで2年間も経過したのだから、その間の生活の変化や新たな問題の発生など、追加の報告があってもしかるべきでなかったかと思う。

5－1　「検証報告書」の概要と問題点

(a) 概要

生活分科会は、当初から「福島第一原発事故による避難者数の推移や避難生活の状況などに関する調査を実施」することを目的としていた。出された報告書の表題も、「福島第一原子力発電所事故による避難生活への影響に関する検証～検証結果～」となっており、まさに分科会の設置目的通りの「避難生活への影響」のみに絞った内容となっている。与えられた検証目的が明確であったため、検討項目が絞りやすかったのだろう。

この報告書の作成のため、避難生活の実態に関する総合的調査やさまざまな研究者や団体が行った調査によってまとめられた報告書を取り寄せ、あるいは調査に関わった研究者を招いて直接話を聞くなどして、調査結果を分析し、とりまとめるという方法を採用している。その中で、福島原発事故で生じた避難者の生活実態について、特に新潟県に移住した避難者において、現実にどのような事態が進行しているかの状況を明らかにしようとしたのが特徴的である。ただし、検証委員が調査活動に実際に携わったのは、分科会による初期のアンケート調査と事務局による限られた集団の実態調査だけである。その他のほとんどは収集した他団体の「調査報告書」を参照しての整理だから、その結果にはバイアスがかかっていることを承知しておく必要がある。ともすれば、研究者の調査には、自分たちが求めたいデータのみを取捨選択したり、自分たちの描いたストーリーに合うデータのみを採用したりする危険性があるからだ。

分科会が行った検証作業は、まず新潟県内に居住する（あるいは居住した）避難者を対象とする大規模なアンケート調査を行い、それを補完する2本のテーマ別調査を行って避難生活のアウトラインを押さえている。続いて、大学や福祉団体によるアンケート結果や生活実態調査結果の分析を行い、民間の支援活動や原子力損害賠償の状況、避難者の帰還や生活インフラの復興の進行等についての調査・問題点の抽出など、避難生活に関わる多様な問題点について調査・研究が行われた。それらの結果をまとめ分析したのが本分科会の「検証報告書」である。

(b) 使用したデータ

本報告書の「検証結果」に収録しているのは、

(1) 分科会として行った（2017年）①「避難生活に関する総合的調査」による、避難者数や帰還の状況調査や新潟県内避難者等へのアンケート、
(2) テーマ別調査として行われた（2017年）②独協医科大学「原発事故後の福島県内における生活再建の必要条件」と③宇都宮大学「子育て世帯の避難生活に関する量的・質的調査」の結果、
(3) 避難生活に関して行われたさまざまな調査（2018～20年）、④新潟大学「避難者支援団体へのヒアリング」、⑤中京大学「原発事故以後の親子の生活

と健康に関するアンケート調査」、⑥事務局「家族形態別にみた避難生活アンケート」、⑦宇都宮大学「量的・質的調査からみる事故後の行動要因と生活実態」、⑧立命館大学「原子力災害にともなう原発周辺自治体の住民実態調査からみる被害の実態」、⑨立教大学「避難では終わらない被害～ふるさと剝奪の現状～」、⑩新潟県精神保健福祉協会「原発事故から10年を迎える広域避難者の現状について～支援活動から見えてきたもの～」、⑪大阪市立大学「原子力損害賠償と被災者の生活再建」、⑫長岡技術科学大学「広域避難者が置かれた状況と民間の支援活動について」、⑬事務局「避難者の帰還・生活インフラの復興状況」の結果、

である。「ふるさと喪失」という緊急事態に突然遭遇し、避難生活を余儀なくされた人々の打ち続く困難の、空間的・時間的広がりとその推移について幅広い調査結果を網羅している。

(c) 問題点

それらは、いずれも時間と手間と費用をかけて収集したデータだから貴重であり、得難い事象の記録として歴史的価値があるのは確かである。しかし、そのデータの重要性と社会的有用性とは直接関係しないことは銘記しておくべきだろう。大災害とか大事件とか大事故が起こると、「学者」たちが弟子を総動員してさまざまな角度からの調査を行って報告書を出す、ということが通例である。ところが、その報告書を何らかの形で出版して個人の業績とすることで、学者の活動としておしまいとなる。皮肉っぽく言えば、「災害便乗型社会学」ということだ。社会に生きる学問として重要なことは、そこから汲み出された要望や意見や提案をどう社会システムに組み入れ、いかに有効に生かすかに結びつけることである。

言い換えれば、アンケートや実態調査なども、単に現状を把握するための資料とするのみではなく、次のステップのための基本条件として提案することが本来の目標であるべきである。その点で専門家が集まって出した検証委員会報告書としてはもの足りない。本報告書では、主として避難した人々の生活実態

について、現象論的な整理（つまり現実の説明）に終始しているからである。それはアンケートや実態調査によっても明らかになっているのだから、そこからさらに踏み込んだ分析と今後の提案が欲しかったのだ。それが検証委員会の仕事ではないだろうか。

具体的に言えば、経済活動に与えた風評被害とその生活への影響、農畜水産業や商工業など職種別での生活被害の実態とその時間的推移、政府による復興政策が提起されてからの各産業の変化など、実生活における困難の根本要因を浮き彫りにすることである。ところが、それらについてはほとんど触れられていない。特に、政府や県がもたらした政治的な状況、それらの生活への影響は調査結果からデータ化が可能であり、そこまで踏み込んでほしかった。本分科会の設置目的が「避難者数の推移や避難生活の状況などに関する調査を実施」とあるため、あえてそこに踏み込まなかったのかもしれない。しかし、原発事故の結果として生じた現象だけを拾い上げ、数値的に分類するのみでは、その根っこの問題点についての分析がなく不十分である。示された設置目的のみに捉われず、分科会として独自の根本的な考察や幅広い調査研究が行われてしかるべきではなかったか、と残念に思っている。

5−2　「検証結果」の内容

この報告書の「検証結果」では、上記の①〜⑬として列挙した調査の各々について、特徴的な点や問題とすべき事柄をピックアップして論じている。そのため、それぞれの調査結果の内容はわかりやすく示されているのだが、個別的・羅列的であることは否めない。そのことを考えてか、「検証結果の解説」（以下、「解説」と略す）と題する報告書の「縮刷版」が付されている。そこでは避難生活の実態について、共通する要素や一般的に言える論点を時系列で列挙していて見やすくなっている。以下ではこの「解説」に従って、「検証結果」を概観することにしよう。

まず、「解説」の最初のページ（p.2）は「避難行動開始から避難生活へ」と題され、新潟県が行った上記①の「総合的調査報告書」に記載されている事故後の4月22日の時点の地図に、警戒区域、避難指示区域、計画的避難区域、緊急時避難準備区域が色分けして示されている（第10図）。「30km圏内避難者数98,356人（人口の約半分）のうち、県内に70,674人、福島県外へ27,682人が避難」し、「30km圏外避難者数59,319人（人口の3%）のうち、34,402人が県内に、24,917人が福島県外に避難」して、「総計で約16万人（県外へは6万人弱）という膨大な避難者が生じた大事故となった」。これだけ膨大な避難者が一気に輩出したのである。

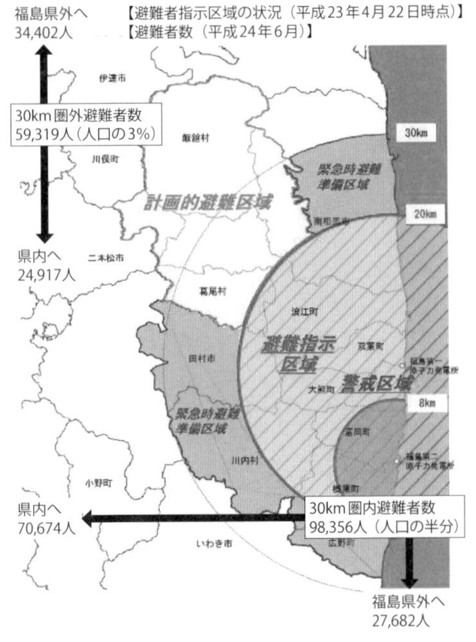

第10図　4月22日時点の避難・警戒区域と6月時点の県内外への避難者数

出典：地図は福島県ホームページ「避難指示等の経緯」（https://www.pref.fukushima.lg.jp/uploaded/attachment/254764.pdf）、避難者数は「福島第一原発事故による避難生活に関する総合的調査報告書」（2018年、新潟県）より

避難者数の公式発表の推移は、2012年避難者約16万人（県内10万、県外6万）、2015年11万人（県内6.5万人、県外4.5万人）、2019年4万人（県内1万人、県外3万人）となっていて、一貫して避難者数は減少している。しかし、避難指示解除となった地域からの避難者の扱いがどうなったのか、住所を移したため移住者とされ、自主的避難者（区域外広域避難者と呼ばれる）は避難者統計に入らなくなっているなど、その内実を詳しく説明しておくべきだろう。国や県の公式統計には、これらの詳細は無視されて形式的な数値しか並んでいないからだ。

最初、避難指示地域が段階的に拡大され、人々は情報不足のためにどこへ避難していいかわからず、自らの被ばくや子どもの健康への不安のため、非常に過酷な状況下で初期避難を行わざるを得なかった。この図には事故を起こした福島原発から20km、30kmの場所が示されているが、柏崎刈羽原発からの距離表示及び居住者人口が同じように表示されていれば、新潟県民も臨場感を

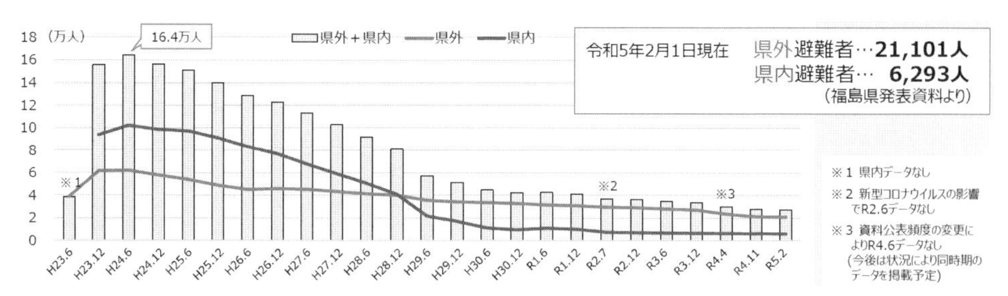

第11図　避難者数の推移

出典：復興庁福島復興局「福島復興加速への取組」（https://www.reconstruction.go.jp/portal/chiiki/hukkoukyoku/fukusima/20230620_fukkokasoku.pdf）

持って見るであろうに、と思われた。

次のページ（p.3）には、「避難生活の実態」として、事故が起こってからしばらく経った時期の状況がまとめられている。避難によって「家族がバラバラになり」、「正規の職に就けず収入が平均して10万円減少し」、「避難指示の解除と連動して住宅の無償措置が縮小されていった」という過酷な生活実態があった。避難先において放射線に関するさまざまな偏見に曝され、また周囲に馴染めず、避難元でも放射線に対する意見の相違から人間関係の悪化が生じたという。放射線に対する知識不足・無理解・誤解のために、避難元・避難先双方において数々の軋轢が生じたことをもっと強調すべきではないか。それは原発事故による放射性物質による被災が通常の天災と決定的に異なる点であり、新潟でも同じような状況が生じると思われるからだ。

続くページ（p.4）では、「避難生活が長期化」する渦中にあって、生活再建の見通しが立たないにもかかわらず、仕事・子どもの学校・住宅確保・コミュニティ形成などのために、避難先において無理にでも定着せざるを得なくなっていることが深刻に語られている。時間が経つにつれ、避難指示が解除され、応急仮設住宅が閉鎖され、子どもの進学や卒業時期などに迫られて、「帰還か、避難先への移住か、別の地に定住か」の決断をせざるを得ず苦慮に追い込まれた。当初、約16万5000人（新潟県には6440人）いた避難者は、2020年9月には3万7000人（新潟県には2209人）と見かけ上は大きく減少したが、実際にはほとんどが避難生活を継続するという状況になっている。それも、県内避難が減少

福島原発事故と大規模自然災害の被害・復旧に関する対照表

		福島原発事故	大規模自然災害
被害の特徴		放射能汚染で目に見えない	物理的破壊で目に見える
		放射線被ばくに関する個人差が大きい	被害の認識の個人差は小さい
		事故原因は人災と見做される	事故原因は明白な天災である
復旧までの期間		極めて長期で、先が見通せない	数年かかるが、先が見通せる
復旧の目安		放射線量の減少、廃炉	インフラ復旧・整備
生活再建	コミュニティの維持	広域避難で維持は困難	仮設住宅等で維持が可能
	コミュニティの復興	被ばく意識の差異がコミュニティの復興を妨げる	被害感情が共有できコミュニティは復興しやすい
	生活再建支援制度	東電の賠償金が支援の中心（多くが東電と係争）	国や県の被災者支援施策　被害が訴えやすい

出典：「福島第一原子力発電所事故による避難生活への影響に関する検証～検証結果の解説～」p.6の表をもとに作成

したが、県外避難者はほとんど減少しなくなっている（第11図）。このことは何を意味するか、考えるべきである。このような「避難の形式的な（見かけ上の）終了」を詳しく追求し、そこに追い込まれている実情をもっと強調しなければならなかったのではないか。

ここ（p.5）で「帰還」という言葉が使われ、「元の地域に戻る」ことのように受け止められる。しかし、実際の新潟県への避難者の動向を調べると、「福島県に戻った」といっても必ずしも元の地域に戻っているわけではない。特に避難指示があった区域では39人のうち6人しか元の地域に戻っておらず、他の市町村に戻った人が24人を占めている。これは「形式的帰還」に過ぎないから、使われている言葉とその内実に齟齬があることに留意すべきである。私たちが通常使う言葉と、被災者（避難者）が当面した事態を表す言葉が乖離していることを意識し、丁寧に述べねばならない。当事者と客観者（行政の人間、調査員）の間の言葉の使い方に相違があるのである。

ここ（p.6）に、避難指示があった区域の福島の原発事故と、地震や津波等の大規模自然災害（天災）との間の、被害の特徴や生活再建を比べた対照表を示している。原発事故の特異性を際立たせるよい対照表と言える（上表）。

最後（p.7）に、「解説」の「まとめ～現時点で言えること～」が提示されている。これを要約すると以下のようになる。

① 長引く避難生活のために、さまざまな「喪失」と「分断」が生じており、震災前の社会生活や人間関係を回復することが容易ではない。
② 避難者は、仕事・生きがい・人間関係の喪失など、それぞれ多種多様な犠牲を払っているけれども、各人・各家族が採った避難という選択は合理的な決断であり、周囲の人間はその選択を理解する必要がある。
③ 避難していない場合でも放射線への不安が拭い切れず、生活の質の低下につながっている。その不安は一生継続する。
④ 区域内避難者（帰還困難地域からの避難者）は殊に大きな不安を抱えており、避難元から切り離されて「ふるさとの喪失／剝奪」という意識が深刻な被害と結びついている。
⑤ これに対し、区域外避難（自主避難のこと）の場合、避難元・避難先の事情によって支援対象から外される状況が生じている。そして、「勝手に避難した（逃げた）のだ」「支援されないのを覚悟しての避難だ」等の、暗黙の決めつけがそれらの人々を苦しめている。
⑥ 時間の経過とともに、避難者への理解や同情が薄れる一方、逆に周囲の誤解・偏見・差別が生じやすくなっている。そのような相互理解や寛容の気持ちが希薄になり、家庭ごとの生活の差異や所帯による賠償の差が露わに出てくると、いっそう仲違い・分断が強まっていく傾向がある。
⑦ 避難が長期になると、避難者個々の課題が個別化し複雑化するので、いっそうきめ細かで長期的な支援が必要である。他方、被災当事者による集団訴訟などによる賠償請求や復興施策の改善の取り組みが進められているが、当事者のみの取り組みになりがちで、これが分断の原因となっている場合もある。

いずれも、個々人の生活全体をよく把握し、それに応じた丁寧で緻密な対応が真の復興のために不可欠なのだが、それを行政に期待することができないのが最大の問題であろう。集団の動静から少しでも外れると身勝手とされ、自己責任に帰せられて公的な援助・補償から疎外されることになる。ただし、まだ疎外が深刻でない現時点においては、集団訴訟によって仲間同士の相互理解と相互扶助を強め、それがコミュニティの再構築につながることに希望を見出したい。本報告書において、そのような今後の方策についての提案があってしかるべきではなかったか、と思う。

5−3　さらに調査・解析してほしかった点

本報告書は、「福島第一原発事故による避難生活への影響」に絞っているのだが、「避難生活実態の全体像を、新潟県民の皆さまにわかりやすい形でお示しすること、そして、新潟県の原子力行政に資することを目的」として検証をまとめたとあるが、はたしてその目的を達しているであろうか。

その点について注文したかったことは、柏崎刈羽原発が事故を起こした場合に、「新潟県の実情に照らしてどのような問題点が生じ得るかという視点からの予測」を明確に示すべきであった、ということである。原発事故による生活への影響を、新潟県の実情（産業構造、人口構成、地域性、歴史性など）に照らして論じなければ、真に新潟県の原子力行政の今後の方針に資することにならないからだ。さらに、付け加えればいいのではないかと思ったことを書いておきたい。むろん、本格的な自前の調査が必要で、検証委員会としての任務から外れた要望であることは承知している。

(a) まず、福島事故が起こってから10年の間に、福島の農畜水産などの第一次産業、製造業などの第二次産業、商業やサービス業などの第三次産業が、どのような打撃を受け、どのように回復し、現在まで引きずっている困難は何かについて、総括的な調査が必要であった。さらに、避難生活への影響を議論するにおいて、福島県全体とともに原発周辺自治体における生業の実態とその時間変化、どのような職層からの避難が多かったのかというような、生活の基本調査というべきデータが不可欠である。第一次産業から第三次産業まで、風評被害も含めて経済的回復の進展と避難者の推移の実態を比べることで、原発事故が人々の避難の意識をどのように規定したかを炙り出すことができるのではないかと思うのだ。

新潟県は（福島県と同様）第一次産業の就業者が多く、農業県として日本に占める比重も高いから、原発事故が生じた場合の（風評被害も含めた）悪影響は甚大であろうことは容易に予想できる。さらに被害は長期間持続し、実態経済への深刻な悪影響が続くだろう。そこで、柏崎刈羽原発において福島事故と同様な事故が起こった場合の就業変化のシミュレーションを行って、生活の基盤である諸産業に生じ得る変化を提示してみるのは興味深いことではないだろうか。こうすれば新潟県民が自分事として原子力災害の深刻さを考えることができるのではないか。

(b) 福島のこの10年において、政府が打ち出してきたさまざまな復興のための施策と避難生活との相関（関係）や影響を時系列で明示して、生活の再建がどのように進められてきたか（どのように政府に強制あるいは誘導されてきたか）を整理する必要がある。それが政府の復興政策の問題点を炙り出すことになるからで、そのような視点からの避難生活の捉え方も重要ではないかと思う。

むろん、本報告書には、避難者の「生活の質の欠如」として、人々との分断、宙づり状態、故郷とのつながりの喪失などの深刻な事態とともに、周囲からの偏見・差別が時間とともに大きくなることや、「すでに終わった」こととしがちな第三者の捉え方の変化など、個人に即して生活再建に苦闘する実態が赤裸々に描き出されている。したがって、この報告書にまとめられた内容は、いわば「ミクロな観点」つまり「虫の目」からの観察で、それはそれで重要な見方である。併せて「マクロな観点」つまり「鳥の目」から見た全体の（復興の）動きと照らし合わせた検証が必要なのではないか。主観的な視点と客観的な視点の対照と言ってもよい。実生活に即した現状とともに、行政や社会の動きが生活にどう影響したかを対比的に整理しておくと、より生活の実相や困難がつかめるのではないか。

(c)「ふるさとの喪失／剥奪」について、人々の活動の場であるさまざまな地域に焦点を当てた調査が欲しい。避難者が多く回復不可能な地域、ゆっくりとだが帰還者が増えつつある地域、帰還可能となったのに帰還者がなかなか増えない地域、などのケーススタディをしてはどうか。帰れない理由としてコミュニティの崩壊に直面していることがある。安定して働ける職場の喪失、子どもの教育や医療設備の不足、老齢者の介護施設や生活条件などの環境条件が不十分という問題だ。

過疎が進んでいる地域は、ほんの一突きで簡単に村落が崩壊してしまう危険性を抱えており、新潟県もそのような地域が多く存在する。地域社会が孕んでいる困難点と原子力災害とを結び合わせて論じる視点が必要なのではないか。そのために、福島からの避難者の出身地、避難理由、帰らない（帰れない）理由と避難元との相関などへ調査を広げるのである。同じ福島県内であっても、地域ごとにそれぞれ生活条件が異なっており、原発事故の前と後でそれにどのような変化があったかがわかれば、新潟県にも適用できると考えられるからだ。

(d) 堅苦しく言えば、避難者は避難元で所有していた生産・生活の諸条件（私的資産、各種インフラ、経済的社会的諸関係、生活環境や自然資源）を失ったのである。そして、避難先に移ったため、それらに付随していた継承性や固有性をも喪失した結果、再生産（被害からの回復）が非常に困難になっていることが明らかである。その実態を抉り出すことだ。生産と生活の諸条件は切り離すことができず、一体として現在の避難生活に大きな影響を与えていることを、もっと明確に提示できないかと思う。もはや故郷を事故前の姿に戻すことは不可能という現実が、避難者の行動や選択に大きな負の影響を与え、未来への展望を失わせていることにつながっているからだ。

福島と同様の原発事故が新潟で起こった場合、以上のような地域社会と住民が新潟において再生産されることは確実である。「ふるさとを喪失」する人々は福島の何倍にもなり、さらに日本という国の存立に関わるであろうことも確かだろう。以上のようなことを記載した報告書を通じて、原発を抱えた地域の未来を暗示できればと期待したいのである。

第６章　避難委員会の「検証報告書」

避難委員会の運営要綱では、「新潟県原子力災害時の避難方法に関する検証委員会」とあり、「3つの検証　検証体制」と題された文書では「安全な避難方法」として、

・避難における課題を抽出・整理、
・（課題を踏まえて広域）避難計画等の実効性を（徹底的に）検証、
・（原子力）防災訓練も踏まえて検証、

という委員会の検証作業の具体的任務が示されている（文書によってカッコ内の文言が付け加わっている場合もある）。したがって、福島原発事故の検証についてはあえて言及せず、純粋に柏崎刈羽原発が事故を起こした場合の避難を、いかに円滑に進めるか、その実効的な手順、段取り、具体的措置を提示することを本委員会の目的としていた。むろん、福島原発事故での避難が大混乱を起こしたことに対する反省を抜きにして論じられないから、絶えず福島で生じた事柄に立ち戻って検討することになる。はたしてそのような目的が達成できたかを点検した上で、異なった観点から見て避難委員会の議論で欠けていたこと、避難問題の特殊性をもっと幅広く捉えるという観点、などについてまとめる。

6−1　「検証報告書」の概要と問題点

(a) 概要

避難委員会からの検証報告書は、「福島第一原子力発電所事故を踏まえた原子力災害時の安全な避難方法の検証～検証結果報告書～」と題して、2022年9月21日に知事に提出された。そもそも「新潟県原子力災害時の避難方法に関する検証委員会」であったはずなのに、検証報告書は「福島第一原子力発電所事故を踏まえた原子力災害時の安全な避難方法の検証」とあって、すっかり看板が書き換えられていることに当惑する。当然ながら、検証結果の内容も当初のもくろみから大きく変わったと思わざるを得ない。

とりあえず、検証報告書の内容について概要をまとめよう。避難委員会として、その発足時において、

課題の抽出 ➡ 避難計画の策定 ➡ その実効性の徹底した議論 ➡ 実際の防災訓練における検証

という検証作業の進め方を提示していた。その上に立って、検証報告書では、総計99項目、456の論点（避難・防護措置についての課題や考えるべきポイント）が提示されている。その結果、全体で133ページにも及ぶ大部なものとなった。第一印象は、これだけ多数の項目・論点が、その重要度や緊急度を抜きに並列的に示されていることに対する違和感である。また、国・県・自治体・県民のいずれへの要請なのか詳細に言及しておらず、論点の多くは情報の提供であって具体的な課題として示されていない。そのため、実際の避難行動に対して実効性のある提言とは言い難い。さて、これだけ大部の検証報告書を、どれだけの人が読み、実際の避難行動に生かすことができるのであろうか。

検証された課題名と、その各々で出された「項目・論点」は以下のようになっている。

「検証結果1」

① 事故情報等の伝達体制	項目 8、論点28
② 放射線モニタリング	項目 5、論点11
③ スクリーニング及び避難退域時検査	項目14、論点65
④ 安定ヨウ素剤の配布・服用	項目10、論点67
⑤ 屋内退避及び段階的退避	項目10、論点48
⑥ PAZ・UPZ内の要配慮者の避難・防護措置	項目 9、論点31
⑦ 学校管理下の児童・生徒の避難・防護措置	項目 4、論点15

⑧ PAZ・UPZ内の住民の避難・防護措置における一般的な課題
項目 6、論点27
⑨ テロリズムと避難　項目 9、論点34
⑩ 新型コロナウイルス感染拡大下の広域避難・放射線防護
項目 6、論点18
計　項目81、論点344

「検証結果2」
① 被ばくに関する考え方　項目11、論点75
② シミュレーション、ケーススタディに関する考え方及び
原子力災害時避難経路阻害要因調査について　項目 7、論点37
計　項目18、論点112
総計　項目99、論点456

(b) 序文

まず「本検証委員会の意義」として、「原子力災害時の安全な避難方法について、事故とその後の避難・防護措置に関して、様々な専門の有識者委員による公に開かれた検証委員会として、本格的に検証を行ったものは本委員会が初めてである」と述べ、委員会として強い自負心を表明している。「その言やよし」である。そして、「国内外の原子力事故が発生した場合も、本検証で議論してきた課題が顕在化するはずである。その点で再稼働に関わらず、本検証は意味を持つ」と強調している。確かに原子力事故における避難に関わる事柄を系統的に検証したことは、これまでなかったから重要な意味があることは言うまでもない。しかし、はたして自負するだけの内容があるのかどうか、点検してみよう。避難行動計画は実効性がなければ無意味で、言いっ放し（机上の空論）となってしまう恐れがあるからだ。

そのことを委員長としても意識したのだろう、序文の最後に「新潟県に求めること」という一項を設けて、わざわざ県としてなすべきことを列挙している。そこでは、「原子力災害、放射線に関する災害から県民の健康を守るためには、被ばくを最小化することが求められ、原子力防災、避難・防護措置に関

する対策を行うことは地元自治体である新潟県にとって必要な使命である」と格調高く述べている。読み方によれば、新潟県がこの報告書を受け取り、実行可能な具体案に鍛え上げねばならない、と県の責任を念押ししているとも言える。実際に求めていることは以下の4点で、ここで議論された99項目456の論点について、

① 順次検討・対応し、訓練、トレーニングを行うこと、
② シミュレーションを検討すること、
③ それらの対応がなされているかどうかの検証を不断に行っていくこと、
④ 必要な事項を、関係機関、事業者、政府に要求・確認していくこと、

を求めているのである。さらに付け加えて、

⑤ 議論や対応すべき事柄が生じた場合の追加的な対応と検証も求める、

とある。万全ではないと自認しているのだ。

この委員会で扱っている対象は、避難先までの避難と防護措置の議論であると断っている。それ以降の避難については何も述べていないので、現時点で福島が遭遇している問題は何も論じられていない。ところが、柏崎刈羽原発の再稼働を避難の観点から議論するにおいては、事故を起こした福島の現状を踏まえるしかない。何だかチグハグである。結局、「柏崎刈羽原発の廃炉終了まで原子力災害が発生することなく、本検証が杞憂となって、『机上の空論』のままでその役割を終えること」を望んでいるというのだ。しかし、柏崎刈羽原発がいったん稼働すれば廃炉になるまで100年もかかることを考えれば、これはいかにも格好をつけた文章ではないだろうか。自分たちの報告が100年先まで残ると言っているようなものであるからだ。そもそも被ばくのない安全な避難は不可能であるのなら、そして本当に「原子力災害が発生することなく、本検証が杞憂となる」ことを望むなら、柏崎刈羽原発が稼働しないことを避難委員会として直ちに求めるべきであったのではないか。

6−2 「検証結果」の内容

(a)「検証結果1」：安全な避難方法に関する論点整理

先に10の項目が掲げており、簡単にその項目の議論結果を整理しておこう。

(1) 事故情報等の伝達体制における論点整理

原子力事故の初期情報は極めて重要で、それに対して東電がこれまでに行ってきた「改善」提案があったのだが、それを真っ先に槍玉に上げている。つまり、まず「東京電力側の問題：体制の問題について」において、「力量向上・訓練・当番体制の強化などの言葉の実質が伴っていない」ことを厳しく指弾する。続いて「東京電力側の問題：情報そのものの問題について」では、「事故情報の正確度や信頼性の担保、放射性物質の放出情報の評価と伝達、リエゾン（連絡係）の派遣とその対応能力、第三者の視点の導入の必要性などにおいて東京電力の説明が不十分である」と断ずる。そして、「市町村との連絡体制について」の項で、「十分な説明・現認体制・情報の市町村側の受容能力の確認、ハードよりソフト面のヒューマンエラー対策などの不備な点の克服について」述べる。さらに「住民への情報伝達について」を付け加え、国・県・市町村による住民への情報伝達体制やリスクコミュニケーションの具体的方策についての問題点を指摘する。これらは、いずれも重要であるが、きめ細かい人員配置が必要で、言うは易く実行が難しい類の問題であるだけに、単なる注意事項の羅列になっている。

以上を踏まえて、「東京電力の姿勢と今後の改善策について」に移るが、東電の対応は具体的・実践的でなく形式的・場当たり的で、ICS（インシデント・コマンド・システム）の導入でお茶を濁していると不満を述べる。また、「東京電力の事故想定において」では、想像力の欠如を指摘し、通報情報だけでは放出源情報が把握できないこと、「東京電力の危機管理的対応」は不十分で改善内容が不明確であること等を述べ、東電の初動期の事故情報の伝達の改善策について、県はしっかり確認すべきと求めている。

これらの東電への要求は、当然と言えば当然で、まさに東電の事業者としての適格性に関連する議論であり、具体的に東電に対してどのような対策を求めるかを明確に述べるべきではなかったか、と思う。

(2) 放射線モニタリングに関する論点整理

モニタリングについては、福島事故以後、ポストの増設、迅速な広域サーベイ（走行サーベイメーター等）、大気中の放射性濃度測定設備（ヨウ素サンプラ等）といったハード面は充実してきたと評価している。また、緊急時モニタリングを国が主導して、広域避難、一時移転、緊急早期防護措置などが行われるようになったことも付け加えている。しかし、①自治体への適切な情報伝達が必要であり、緊急時モニタリングの方針や思想について原子力規制委員会から十分な説明を受けていないこと、②緊急時モニタリングの可搬型装置による測定やUPZ圏外の機動的モニタリングについての計画が不明であり、規制庁からの説明も不十分なままであること、③緊急時モニタリングの緊急時活用法やモニタリング情報の伝達法が不明で、その内容の明瞭さが担保されていないこと、④その情報内容も県民・国民に理解できる形で伝わる必要があること、⑤現時点ではモニタリング情報における課題が克服されておらず、県民の信頼が得られていないこと、などいくつもの問題点があることを指摘している。

その指摘は的確ではあるのだが、放射線モニタリングシステムの不備やそれへの対応の拙さを述べるのみで、どの部門が実行を行い、どこが監理するのか具体的な提案に至っていないことが問題である。

(3) スクリーニング及び避難退域時検査における論点整理

スクリーニング及び避難退域時検査とは、避難や一時的に移転する者の放射性物質による汚染状況を調査することで、被ばくの有無を初期段階でチェックするためである。それによって身体除染を必要とする者をふるい分けするのだが、重要なのが検査を行う上での線量基準である。新潟県の避難退域時検査では、放射性ヨウ素による小児甲状腺等価線量100mSvに相当する13,000cpmを基準値とし、基準値を超えていた人については全員検査を行うことにしている。

これに対し、国の避難退域時検査では、除染を講じるための基準値を40,000cpmとし、①車両の検査で自家用車やバスで基準値を超えていなければ人の検査はせず、②基準値を超えている場合は代表者のみの検査を行い、③代表者が基準値を超えている場合に同乗者全員の検査を行い、④同乗者も基準値を超えていたら「簡易除染」を行う、という段取りになっている。つまり、国の基準は非常に甘く、放射能汚染を市中にばらまいていく可能性があるのだ。委員会として単に2つの基準を並べるだけでなく、新潟県の厳しい基準を遵守し、決して緩めてはならないと、強調すべきであった。

実は福島事故の際、地震との複合災害や天候などの諸条件を加味して、スクリーニングレベルは結局100,000cpmというとんでもなく高い基準値が採用されていた。また避難者個々人が除染を受けるべきことが確立されておらず、そのため避難者が避難先で差別や誹謗中傷を受けることが多かった。その理由は、これらのスクリーニングは避難途中の退域時の検査としてではなく、避難先での受け入れ検査と見做されたためである。

高い基準値となった理由として、機材確保、人材確保、多数の検査対象者、スクリーニングポイント数の不足、などが挙げられている。確かに、実際に検査が可能な体制が組めるかどうか検証する必要がある。その際、低いスクリーニング基準を緩めるのがよいかどうか、しっかり吟味しなければならない。

国は「A. 避難のスピードを上げ、多くの住民を避難させる系統的抽出調査」とするのに対し、新潟県は「B. 多くの住民に検査をして個々人の安全・安心を重視する全数調査」とする、と意見が分かれたままで両論併記とならざるを得なかった。その中間案として、「事故規模が大きいと国の方針、規模が小さいと新潟方式を採用し、避難に遅れが生じたり、放射線量が急速に増加したりしている場合に国の方式へ切り替える」との提案もある。その場合、切り替える条件を詰めねばならない。また国の基準にするとしても、避難先で13,000cpm以上だと検査を受け除染するということもあり得る。必要なことは、「迅速性と安全性」のトレードオフを克服するための努力、例えばスクリーニングの処理能力を拡充し、検査人数、対応要員数、必要資材などをあらかじめ確保しておくことである。

いずれにしろ、初期段階で丁寧な検査を行い、個々人の安全・安心の確保を行うことが重要で、記録、避難先での検査、汚染地区内での検査、内部被ばく調査の必要性、放射性ヨウ素の初期被ばくの「実測」の実施が肝要である。そのために、初期段階の要員や資材の確保と他の電力会社や圏外からの応援（受援計画）を明確化すべきであろう。

スクリーニングポイントの開設を、どこに、どれくらいの規模で行うか、風向きなどに臨機応変に対応できるよう多数の候補地を用意しておき、それぞれの候補地に何台・何人の検査対応が可能か、繰り返しシミュレーションしておくべきと述べている。さらに車両検査、会場の設定、医療機関への搬送、広報やICT（情報通信技術）の活用、「すり抜け」防止策など、こまごまとしたことを綿密に注意している。これらは関係者の必携マニュアルとして整備しておくべき事柄である。それにしても、避難委員会としてこれらのシミュレーションやマニュアル作成について、口先だけで具体的な実施提案がないのはどういうことなのだろうか。

(4) 安定ヨウ素剤の配布・服用における論点整理

安定ヨウ素剤の配布・服用についてはタイミングが一番大切である。「至適投与期間」と呼ばれる安定ヨウ素剤服用の最適切なタイミングは、放射性物質への曝露の開始前から直後の2時間の間である。したがって、どのようなタイミングで服用すべきか、そのためにいつ配布すべきかが重要で、委員会の議論はほぼその問題に集中している。被ばくをしてからの配布では、配布の混乱が生じ、被ばく後服用になるので適切でない。だから、いざ服用というときになってどこにあるのか見つからないというような問題が起こっても、可能な限り事前配布が妥当との結論である。これは、福島事故における安定ヨウ素剤の配布・服用指示・服用時の混乱があったことの反省を踏まえたものだ。服用指示が、どのような判断でなされ、服用の方法及び基準をどうするかについて、国からは何の回答も得られていない。服用基準の数値化や線量率と内部被ばくの関係などは今後の課題である。

委員会としては、原子力規制委員会が服用の必要性を判断し、原子力災害対策本部が地方公共団体（地方自治体である市町村）に指示して服用させる、という段取りを想定している。しかし、緊急事態の際には、公共団体が独自の判断で服用指示をすることが法的に可能であることをもっと強調すべきである。また、学校や未成年者で親から承諾を得ていない場合の対策をも、前もって確認しておくことが必要である。いずれにしろ、安定ヨウ素剤の事前配布をできるだけ問題なく行えるよう、事前啓発の実施が重要であることは論を俟たない。事前配布・事前の周知・服用指示のタイミングについて、地方公共団体では国の指示待ちになっている感が強いが、それについて強く啓蒙をすべきであった。

(5) 屋内退避及び段階的避難における論点整理

屋内退避は、内部被ばく、そして外部被ばくの低減を図る防護措置として最良の方法である。一般に外部被ばくの低減の3要素は、①距離（離れる）、②遮蔽、③被ばく時間であり、内部被ばく低減のためには、①吸入抑制と②食物や飲料水の摂取制限が重要である。放出された放射線量が不明な場合、予防的な措置として屋内退避が自衛策の第一で、その理由は、①避難先までの時間的調整が行える、②一斉避難で渋滞が発生するのを防げる、ためだ。ただし、屋内退避効果のシミュレーションが不十分で、はたして本当に防護手段として有効なのか明確にすべきであった。また、「放射性プルーム（放射性物質を含んだ羽毛状の雲）情報」などを、放射線モニタリングを使ってどう取得・評価・周知するか、など問題が多く残されている。屋内退避の指示のあり方、情報提供の方法、（行政からの情報の）住民への伝達の手立て、を検討する必要がある。換気をした方がよいか、換気をせず密閉するか、の長短も検討しなければならない。

地震との複合災害の場合、余震、家屋倒壊、インフラ被害、地盤の脆弱化などがあったときには、屋内退避は困難だから域外への避難を促す基準を作成しておくべきである。その場合、自宅外の屋内退避施設が長期に必要となり、物流の不足を解決しなければならない。また屋内退避から避難への切り替えにおいて、日用品や食料や飲用水の確保、医療や福祉サービス受容の機会、災害対応要員のための備蓄、エッセンシャルワーカーの被ばく、高齢者や幼子の健康管理などが問題になってくる。屋内退避者の動向把握とともに、自発的避難者が一定数存在するという前提で対策を考える必要がある。一時的滞在者、感染症流行時の屋内退避など、拡散シミュレーションによる人間の動きを定量的に把握しておくべきだろう。

(6) PAZ・UPZ内の要配慮者の避難・防護措置における論点整理

災害対策基本法では、災害時に支援を必要とする人々を「要援護者」(あるいは「要配慮者」)として、高齢者・障がい者・外国人・乳幼児・妊婦を挙げている。さらに、避難確保のために支援を要する人々を「避難行動要支援者」として、名簿や個別避難計画の作成を行うことにしている。原子力災害対策指針

○PAZ：Precautionary Action Zone
原子力施設から概ね半径5km圏内（発電用原子炉の場合）
放射性物質が放出される前の段階から予防的に避難等を行う

○UPZ：Urgent Protective action planning Zone
PAZの外側の概ね半径30km圏内（発電用原子炉の場合）
・全面緊急事態となった場合、放射性物質の放出前の段階において、住民の屋内退避を実施
・放射性物質の放出後、原子力災害対策本部が緊急時モニタリングの結果に基づき空間放射線量率が一定値以上となる区域を特定し、同本部長（総理大臣）の指示を受け一時移転等を実施

柏崎刈羽原発のPAZとUPZ

福島第一・第二原発のPAZとUPZ

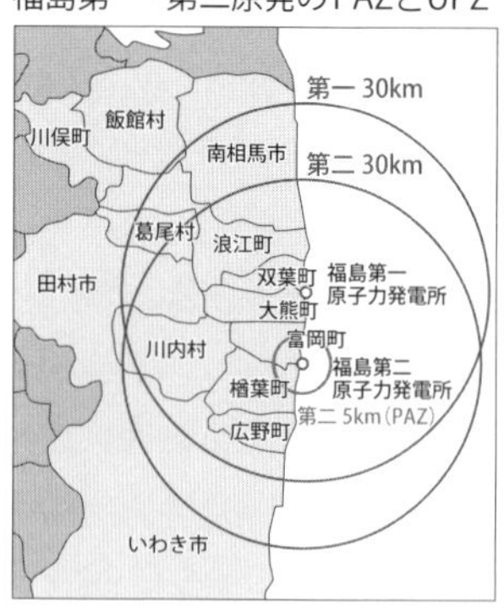

第12図　PAZとUPZ

出典：内閣府「原子力防災」(https://www8.cao.go.jp/genshiryoku_bousai/pdf/02_taisakupoint.pdf)、下左は「新潟県原子力災害広域避難計画」(2019年3月、新潟県　https://www.pref.niigata.lg.jp/uploaded/attachment/205670.pdf)、下右は福島県原子力災害に備える情報サイト (https://evacuation-fukushima.jp/page/page000011.html) をもとに作成

では、これらの人々を一括して「施設敷地緊急事態要避難者」と定義しているが、要するに広域避難において円滑かつ迅速な支援が必要な人々のことである。

原子力災害では、被ばくリスクと移動リスクのトレードオフがあり、避難と屋内退避のいずれを選択するかが問題となる。避難の場合には、100％の全員避難を目指すべきだが、それができないこともある。また、その選択においては、避難施設の放射線防護対策は十分か、そこからの避難の場合の手順が明確で方策は万全か、職員や支援者のケアは十分考えられているか、エッセンシャルワーカーの配置や対応を考えているか、などを判断しなければならない。要配慮者のための対応、輸送能力、介助者の確保、職員へのケア、入院患者の避難の計画策定、避難先の状況把握、トレーニングの人材育成、搬送の困難さや所要時間の確認など、入院患者の搬送に関するシミュレーションも必要である。

一方、妊婦・授乳婦・新生児・乳幼児・小児については、安定ヨウ素剤の服用が最優先されるが、それ以外の防護措置（飲食物の摂取制限など）について、新潟県の広域避難計画には何ら情報提供がなされておらず、対応を考える必要がある。UPZ内の人々への線量基準や避難のタイミングについても、指針が必要である。外国人や一時滞在者への情報提供も考えておかねばならず、視覚障がいや精神的疾患をもつ人など特段の対応をとる人向けの防護措置をも検討しておかねばならない。

このように、混乱した状況にあってさまざまな事情を抱える人たちに対するきめ細かい対応が求められるから、万全の避難計画が立てられると断言できない。この点は避難委員会として不十分であると認めざるを得ないとして、問題提起をしておくべきであろう。

(7) 学校等管理下の児童・生徒の避難・防護措置における論点整理

保育園児・幼稚園児は「要配慮者」としての対象である。これに対し、小中高生は要配慮者ではないが、「子ども」に対する防護対策として「引き渡し」と「安定ヨウ素剤配布」が重要である。

「引き渡し」については、園児・児童を避難先へ連れて行く場合、その決断をいつ、誰が、どのように行うかを周知しておく必要がある。親の状況に応じて個別に検討しなければならないが、連絡体制の確認、保護者が来られない場合の対応方法の検討、UPZ圏内での保護者への引き渡し場所、等を前もって明確にしておかねばならない。そして、実際に避難指示が出た場合の対応を時系列で整理しておかねばならない。

「安定ヨウ素剤配布」はあらかじめ保護者の同意を得ておき、教員の安定ヨウ素剤についての知識、服用についての連絡方法や伝達手段・周知方法について確認しておくことが必要である。あくまで、安定ヨウ素剤は事前配布が原則である。プルームによる被ばく防護のためのマスク・ポンチョ・予備服・防護服などを常備しておかなければならない。

(8) PAZ・UPZ内の住民の避難・防護措置における一般的な課題に関する論点整理

上記（6）及び（7）に含まれていない問題として、移動手段としての自家用車・道路啓開・燃料、避難時の被ばくとその啓発などについての論点整理がある。

災害基本法では自家用車は避難手段と位置づけられていないが、現実の広域避難には自家用車による避難が必須であることは論を俟たない。それ以外に徒歩・車イス・歩行補助器などがあり、個々の住民のレビューが必要である。道路遮断による孤立や渋滞情報の収集が大事で、道路啓開要員の被ばく対策、避難車両への情報伝達、交通誘導対策が不可欠である。さらに避難道路に出るまでの道路の支障状態の考慮、それらの道路啓開のレベルの検討や被ばく防護対策措置の問題がある。また、避難における燃料問題やガソリン不足の抜本的対策は検討されておらず、震災対応サービスステーションは新潟県内に4軒しかない。積雪時は特に困難が多い。EV車が増えているから、電力供給・充電手段の確保も重要である。給油の習慣、相乗りの検討も必要である。

その他の検討課題として、一時移転と避難の相違の認識、備蓄の準備などの住民への周知、自然災害と複合災害と原子力災害における避難手段の差異、地域の人々の助け合い、避難計画の詳細の周知徹底、避難訓練の定期的な実施がある。避難者の受け入れ先自治体は、受け入れの手順や対応状況を確認して受け入れ体制を整え、事前の情報共有が必要である。

特に大雪時においての避難の困難さを考えると、冬季3カ月（12月、1月、2

月）の間には原発を稼働させず、定期検査を行うよう義務づける、というような案を検討してもよかったのではないか。そのような思い切った提案をすべきであったと思われる。

(9) テロリズムと避難における論点整理

国民保護法における「緊急対処事態」と原子力防災の「武力攻撃原子力災害対応」との関係性については、議論されていないのが現状である。原発へのテロの脅威への対応についても議論は不足のままであり、その際の住民の避難のあり方についての検討も十分になされていない。原発の安全が国家安全保障問題として位置づけられているアメリカに比べて、原発へのテロ攻撃に対する日本の認識は甘い。

テロへの対処は、形式的には、国が指揮を執り、実働部隊（警察、海上保安庁、自衛隊）が警備を実施し、県は県民の保護・避難を行うことになっている。ところが、肝心の国からの適切な情報提供がない。日本は原発対処の実働部隊の訓練は脆弱であり、核セキュリティについての議論は少ない。そもそも実働部隊の投入が有効かどうかの議論すらなされていない。

武力攻撃による原子力災害の場合、異常事の進展が速く、大量の放射性物質の放出が起こって放射線量が莫大になる可能性が高い。同時に、発電所襲撃、燃料プールの破壊、送電線テロによる電源喪失などの重大リスクも考えねばならない。内部テロやサイバーテロの場合、避難計画にとっての初動の情報発信が遅れる可能性がある。航空機の激突やミサイル攻撃では大量の死傷者が出て混乱が大きく、避難計画を根本的に変更しなければならない。実際に避難計画そのものが立てられないと考えるべきだろう。

武力攻撃による原子力災害は予見不可能であるため、いち早く広域避難をすることが第一である。その場合、自衛隊による侵入者排除活動と避難行動は両立せず、簡単に避難できない可能性がある。テロ等有事の際に自衛隊活動を優先するか、国民の避難を優先するかあらかじめ決めておくべきである。また極めて短い時間で住民避難を行わねばならない場合があり、通常の避難行動とは異なるので、武力攻撃時の被ばく管理は別に考える必要がある。

東電のIDカード不正使用事案によって、内部情報に精通した者による攻撃

（内部脅威）に対するリスク評価・対応が甘く、職員等に対する実効的な教育に欠け、核セキュリティ上求められる水準にほど遠いことが露見した。また、核物質防護設備機能の喪失に気づかなかったことは、①防護管理グループの実態把握力が弱く、②組織的な学習プロセスが十分になされていなかったことが背景要因である。核物質防護部門の配置人員不足・人材育成が不十分で、組織的学習プロセスが未整備であることも明らかになった。その原因として、（i）東電の核物質防護についての気の緩み、（ii）心理的安全意識構築の欠如、（iii）業務としての必要な知識やノウハウの蓄積・改善の意識の乏しさ、などが挙げられる。東電の管理能力が問題である。武力攻撃による原子力災害への対応について、国と自治体が協議を行うことが必要である。テロに関する実践的な避難訓練を検討する場合、自衛隊の参加・活動について事前の情報提供が不可欠である。

なお、報告書では、原発へのテロや武力攻撃における国民保護や自衛隊の侵害排除活動等は国が実施すべきことで、県や避難委員会の所管外であると念を押している。この点については責任を負わないという意味だろうか。

（10）新型コロナウイルス感染拡大下の広域避難・放射線防護における論点整理

一般に感染症の流行下での各種防護措置の具体化として、①感染者と非感染者の分離、②避難車両の増加対策、③一時集合場所等人々が集まる空間の間隔確保、④屋内退避場所での放射線防護策の実践、が言われている。新型コロナウイルス感染拡大時の避難対策として、換気、患者の分離、スペースのある避難所の確保、医療体制逼迫下の特別の介護、車両運転手の確保、多数の避難所の確保など、検討すべき課題が多くある。

一般には、感染症リスクよりも、自然災害や原子力災害によるリスクから身を守ることを優先する原則がある。しかし、高齢者のコロナ感染への危険率の上昇から、この原則に従わない可能性もある。また、自然災害の場合の避難率は数％～数十％でよいが、原子力災害では100％避難させるべきだとの論がある。このように社会的に許容される避難のあり方を考える必要もある。コロナ感染の際の避難所以外への避難、自然災害や原子力災害における広域避難について、県として検討すべきだろう。要するに、被ばくリスクと感染リスクの比較校量の問題とならざるを得ないのだが、感染症対策において飛沫感染や接触感染の危険性に応じた特別の余分な対策が必要となることを忘れてはならない。

(b)「検証結果2」：被ばく、シミュレーション等に関する考え方

ここには、委員会において議論が分かれた問題を集めたせいか、以下の(1)の項目について75もの「考え方・意見等（論点ではない）」が列記されているのが目立つ。報告書の記述も系統立っていない。

(1) 被ばくに関する考え方

まず、被ばくに関して、（i）国内法令、（ii）ICRP（国際放射線防護委員会）の勧告：放射線防護の3原則、（iii）ICRPの勧告：被ばく状況の3つのタイプ2007年勧告、の3点は法令・勧告のまとめであり、知っていて役に立つが、何を主張したいがためにわざわざ長々と列記しているのかわからない。

実際の論点が出てくるのは、続く（iv）放射線とリスク原則、防護の最適化、の部分からである。ここでは被ばくに関するICRPのALARA（合理的に達成可能な限り低く）原則を「防護の最適化」と呼び、被ばくは上限まで許容できるのではなく、可能な限り低く抑えるべきとの意味であると力説している。それは正しい。しかし、緊急時の防護策となるととたんに不明確になる。一般公衆の被ばく線量を「実施可能な範囲で極力低減し、その観点で最適化する必要がある」から、「防護の従事者の被ばくが不可避となった場合、被ばく線量を最適化する必要がある」と言っており、「可能な限り低く抑える」から「最適化」へと力点が変わっている。ここで使う「最適化」が「許容量」の意味となっていて危険である。そこまでは認めてしまうことになるからだ。だいいち、最適な値は誰が、どのような条件下で決めるのだろうか。また、「放射線防護、計測関係の学術分野で受け入れられている考え方や原則に反する議論は、できるだけ避けるべきである」と、ICRP勧告・原則や「学術分野で受け入れられている考え方や原則」等を金科玉条として、普遍の真理のように言っているが、それでいいのだろうか。

（v）では「一般公衆の被ばく線量限度」に関する法令等となって、ICRPを

はじめ原子炉等規制法などさまざまな基準において、一般公衆の平時の被ばく線量限度（あるいは実効線量）を年1mSvとしている。これを超えるような水準で事業所外へ放射性物質が放出された場合が「原子力緊急事態」であり、それに伴って国民の生命・身体・財産に被害が生じると「原子力災害」ということになる、と言葉の解説をしている。

続いて、(vi)「防災業務関係者の緊急時の被ばく線量管理」に関する法令等において、放射線業務従事者が業務に伴って被った被ばくを「職業被ばく」と言い、実効線量限度は5年間で100mSv、1年間で50mSvとされている。防災業務関係者以外の、学校教員・地方自治体職員・医療従事者など防護措置に関係する職業に対しては被ばく線量の規定がない。これを規定するよう国に働きかける必要がある。消防活動における線量規定についても法的根拠はないが、消防職1回の消防活動当たりの被ばく線量の上限は、通常の消防活動は10mSv、人名救助は100mSvとなっている。一方、自衛隊員については人命救助等の場合の被ばく線量は100mSvが上限である。他の防護措置従事者（例えばバスの運転手や補助員）についての被ばく線量限度の定めがないが、被ばく管理上で定めておくべきではないか。

以上のような被ばく線量限度管理の状況において、(vii) 避難・防護措置における被ばくに関する線量把握と必ず記録を取る義務を課する必要がある。現在の防災計画でほとんど考慮されていないからである。と同時に、(viii) 避難・防護措置における被ばくに関して避難基準や被ばくの可能性、屋内退避で低減可能な量などの、県民への周知・広報が必要である、と述べている。

以上を参照して、(ix)「一般公衆の避難・防護措置における被ばく線量」と、それに関連する避難計画の実効性に関する委員会の議論を整理している。この整理の部分に新たに書き込まれているのは、「計画被ばく状況」を4つに分け、一般公衆の線量限度は1mSv、職業人は5年で100mSv、「緊急時被ばく状況」では一般公衆は年間20〜100mSv、「現存被ばく状況」では1〜20mSvを、それぞれ「参考レベル」としている。原子力規制委員会は、「事前対策めやす線量」なるものを定め、実効線量を100mSvとしている。しかし、これは曖昧な概念であり、もっと明確で厳密な線量限度を定めよ、と意見を出すべきである。

そのこともあって、一般公衆の緊急時の被ばく線量について、(A) 被ばく線量限度は設けず、「参照値」を設定して可能な限り低く抑える、(B) 被ばく線量限度を1mSv以下に制定する、との2つの対立した意見が委員会内にあって折り合えなかった。また避難計画の実効性についても、(1) 1mSvを超える被ばくが生じないよう避難計画を策定する、(2) 実効線量1mSvは防護措置の実効性の有無の判断基準にはならず、可能な限り被ばくを回避する対策を行い、それが実行されているなら実効性のある防護措置が採られたと判断する、(3) 実効性の高低に拘泥せず、防護措置を実施することが重要である、という3つの意見が出され委員会としてまとまらなかった。このような意見の対立を広く公表して、県民が自分事として考える機会をつくる必要があったのではないか。まさに、避難行動における被ばくをどう考えるかの急所であるからだ。

(x) 防災業務関係者の緊急時の被ばく線量管理については定めがなく、被ばく管理上、線量限度を設けることが必要なのだが、当人たちの自主的判断に任せている。合理性が担保されない形での線量管理は避けているのである。また、バスの運転手や保育所職員など、放射線業務や災害対応に普段は従事しない者の被ばく限度は、はっきりと1mSvとすべきである。なお (xi) 参考として、スクリーニングの目安の13,000cpmについて、当初のALARAの考え方についての委員の意見と、被ばく線量限度に関する法令上の記載が、参考のために提示されているが、それ以上何ら言及がないのは問題である。

(2) シミュレーション、ケーススタディに関する考え方及び原子力災害時避難経路阻害

以上の議論において、放射線の拡散シミュレーション、避難の交通シミュレーション、それらを組み合わせた被ばくシミュレーションの必要性が提起された。実際に、それを通じて事故時の被ばくを抑えるための示唆が得られることが望ましいのは当然である。さらに、自主避難、物資や人員の派遣、輸送への協力の状況、スクリーニング体制の構築などについて、放射線の拡散シミュレーションと避難シミュレーションの重要性は委員会でも認識されていたが、シミュレーションを実行すべきと、実行すべきではないとの両論併記となってしまった。その経過が特に記述されているので紹介しておこう。

放射線の拡散シミュレーションでは、放出規模の条件、放出開始時間の幅、放出の時間的推移、放出核種組成とその形態、気象条件や地理的環境とその変化、距離メッシュ（分解能）の大きさ等、数多くのケースを考えるべきことが指摘された。一方、避難シミュレーションでは、避難開始時間、屋内退避、自家用車利用などについて数多くのパラメータがあり、さらに(A)最小被ばく線量経路探索（個々の避難者の被ばく線量を最小化する）モデル、(B)最小被ばく線量配分（避難者全体の総被ばく量を最小化する）モデル、という2つのモデルがある。実際、被ばく線量の算出において、個人と集団の実効線量・等価線量などの指標があって、防護策のない場合の屋外滞在の評価と屋内での防護策がある場合の被ばく線量（回避線量）の差の比較が必要である。

加えて、外部被ばく・内部被ばくの事象、屋内での被ばく低減効果、一時外出（買い物・訪問・会合等）時の被ばくの考察が必要である。とはいえ、ケーススタディについての多様な意見（多くのケースを考える必要はない、基本的な想定を代表ケースとすればよい、複数の異なる仮定に基づくケースを考える）も考慮しなければならない。「避難経路阻害要因調査」では、個人の平均移動時間、スクリーニングポイントの設置場所、交通量・混雑度の情報把握、スマートインターチェンジの設置の可否、避難開始時間分散のための情報伝達、平時からの避難経路についての伝達、などが指摘された。

シミュレーションについて、前提条件設定の多様性があって高い精度は期待できないこと、内部被ばく問題、結果によって行動がどう異なるかを把握できるか、などさまざまな不確定、計算の不可能性、意味ある結果が得られるのか、などの疑問が出された。シミュレーションによって得られる知見は貴重な情報だが、大きな費用をかけるほどの意味があるのかという否定的意見が強く出され、結局シミュレーションは実施されなかった。私としては、積極的に実施し活用することを委員会として決議する必要があったのではないかと思う。

以上、「検証結果1」と「検証結果2」において、避難委員会でなされた検証結果の概略をまとめたが、やはり、

(1) 羅列的であり、論点の重要性・緊急性・実効性などを勘案して、強弱を付

した整理をすべきであった、

(2) 単なる情報と県や自治体への要望・課題がまぜこぜになっており、その整理をして、どこを、どこまで実行すべきか明らかにしておくべきであった、

(3) 非常に細かな点までアレコレ書かれている部分と大ざっぱな記述で済ませている部分が混在しており、委員会の議論の雰囲気はわかるが、統一すべきであった、

(4) 両論併記、複数意見の対立、異なった提言の部分は、そうとわかるように明示して、読者の判断に委ねる旨明示しておくべきであった、

(5) 数多くの法規・条例・ガイドライン・申し合わせが引用され、それに応じた方針・考え方などに拘束され過ぎている印象が強い。それらから外れた自由討議で、本来的にあるべき姿を議論し、しかる後に現実的な方策を考えるという検討の立て方をすべきであった、

(6) 明確に打ち出された結論については、まとめて明示すべきであった、

と言わざるを得ないのは残念である。

6－3　原子力災害時の「対応」と【課題例】

避難委員会は、当初に掲げた検証作業の進め方に従って、第一段階として原子力災害時の「対応」(1~9まである) と、その「課題例」(以下、【 】で示したもの) が、事故発生からの時間推移とともに提示されていてわかりやすい。それらは私たちが避難を考える上で大いに参考になるので、以下に示しておこう。

(Ⅰ) 警戒事態 (AL) の発生：警戒本部設置など警戒体制が布かれる

1. 平常時モニタリング強化・緊急時モニタリング準備 ──【人員等の体制】
2. 道路状況確認・啓開 (地震等の場合) ──【屋内退避等の下での災害対応】
3. 施設敷地緊急事態要避難者 (PAZ) の避難準備

【住民避難の手段、交通規制等の考え方、民間向けの防護機材、福祉施設や病院等の防護対策、物資供給等の支援体制の整備、防護機能を有する搬

送車両の整備、要支援者の避難後の支援体制】
地域敷地緊急事態（SE）発生【原災法第10条に係る通報、施設敷地緊急事態要避難者避難指示）―― 防護準備、施設敷地緊急事態、要避難者（PAZ）避難】
4. 緊急時モニタリング開始 ――【人員等体制】
5. 住民等避難準備（PAZ）――【住民避難の手段、交通規制等の考え方、民間向けの防護、機材、屋内退避者等の警戒事態状況下での災害対応】
6. 安定ヨウ素剤緊急配布【安定ヨウ素剤に係る指揮系統、副作用発生時の国の責任や補償スキームの明確化、UPZ外住民への安定ヨウ素剤服用の検討】
7. 屋内退避準備（UPZ）――【屋内退避施設の整備、物資供給等の支援体制の整備】

（Ⅱ）全面緊急事態（GE）発生【原災法第15条に係る通報、PAZ避難、UPZ屋内退避指示】
―＞PAZ避難、UPZ屋内退避―安定ヨウ素剤緊急配布
線量情報、OIL（運用上の介入レベル）に基づく避難指示：UPZ避難
8. 避難準備（UPZ）――【3、5と同様の課題】
9. スクリーニング・緊急被ばく医療活動
【人員体制・資材機材整備、除染の実施場所や使用水等の処理の考え方】

（Ⅲ）その他全般的な課題
・複合災害に対応する組織体制の構築
・オフサイトセンター機能の在り方
・放射性物質拡散予測の在り方
・緊急被ばく医療体制の充実化

が列挙されており、この範囲内では原子力災害が勃発した場合の避難行動としては過不足のない課題設定と思われる。ただ、委員会として実際に各課題についての問題点を抽出し、それらの論点を整理してまとめていく作業が必要で

あった。

避難の困難性はさまざまに指摘されており、上記の「対応」——【課題例】で列挙されているが、重要なチェックポイントを明示しておこう。

① 情報の取得と住民への伝達体制を整備しているか？
② 事業者（東電）からの情報の速報性・信頼性は大丈夫か？
③ 要配慮者・要支援者の安全を確保しているか？
④ 屋内退避における感染症や大雪・豪雨などの季節的特性まで配慮しているか？
⑤ 道路の渋滞や交差点など、ボトルネックを検討しているか？
⑥ ガソリン、バスや車両、運転手の確保は十分か？
⑦ 自治体職員は足りているか？
⑧ 1次から2次・3次へと避難先が変化することまで考えているか？
⑨ 避難所の広さ・換気などの環境、自治体職員の確保、周辺住民の理解、運営マニュアルの整備、避難が長期化した場合の対策まで考慮しているか？

その各々について「誰が責任を持つか」「人員・情報・資材の確保まできちんと体制が組まれているか」「全体を統括する人員も配置されているか」を確認しておかなければならない。これらは地域防災計画・住民避難計画に書き込まれているはずだが、それが形式的なものではなく、まさに「実効的」であることが求められるのである。

以上は、原発事故発生時からの直接の避難計画であるが、さらにより幅広いスキームで問題点を議論して方針を示さなければ、「実効的」な避難とは言えないのではないか。

第7章　健康分科会の「検証報告書」

福島第一原発事故による健康と生活への影響を検証するために、第5章で論じた生活分科会とペアで発足したのが健康分科会で、発足の時点においては「事故による放射性物質の拡散や避難等を踏まえて行われた、福島県民の健康状態に関する各種調査・報告書等について、科学的・医学的な視点からレビューを実施する」とされていた。実際の健康分科会では、一般住民に対する健康への影響に焦点を当て、全体で平均した被ばく量は40mSv程度とされていて高線量ではないとされているが、頻発する「甲状腺がん」の問題をどう考えるべきかについて分科会として集中審議することになった。本報告書の力点もこの問題におかれている。

7－1　「検証報告書」の概要と問題点

(a) 概要

福島県で行っている健康調査で明らかになった甲状腺がんの問題以外に、心の健康（メンタルヘルス）、妊婦検診、その他の生活習慣病の問題など取り上げるべき課題が多くあることから、分科会では文献調査も並行して行われた。また、2021年に「福島県健康調査2021」が出されたことから、これを精読して問題にすべきことを抽出し、さらに、国連の第2回の科学委員会報告書（「UNSCEAR 2020 Report」）が2021年3月に公開され、その記述についての問題点も指摘された。しかしながら、これらを精査して詳しく議論すべきであったにもかかわらず、この報告書を読む限りにおいては問題点の指摘にとどまり、深掘りした議論がなされたとは言い難い。医療・健康は複雑系の科学で、科学以外の社会的要素や観点を合わせて考慮して検証を行わねばならない。そのため、多くの困難が生じたのであろう。

そのような状況において検証を進めるためには、健康分科会のみに閉じた議論では不十分であったのは事実である。第一に、健康状態の維持（変化の把握）は生活実態と切り離して論じることができず、とりわけ避難生活を余儀なくされている人々、あるいは放射線被ばくに強い不安を持っている被災者や居住者にとっては、生活環境とそこに生じる健康問題とは切り離せない。したがって、生活分科会と健康分科会との合同分科会を持って、避難の継続や放射能汚染地域での生活が健康に及ぼす効果、逆に健康状態が生活にもたらすさまざまな悪影響というような相互関係を検討事項とする必要があった。特に、メンタルヘルス問題は、避難の長期化に伴って生活の質が変化することもあって、生活状況と組み合わせた検討が欠かせない。それらの問題を十分議論するためには、生活分科会との合同委員会を開催すべきであった。

もう一つの問題は、原発事故があった際の避難行動において生じる健康問題（特に避難に伴う被ばく問題）の議論は不可欠で、被ばくなしに避難することは可能か、被ばくを避けることを優先した避難は考えられるのか、緊急の避難行動が収束した後の被ばくを最小限にする生活設計をどうするのか、というような問題を検討する必要があった。そのためには、避難委員会が議論している避難の方法・手順に、被ばく（健康）問題を組み入れることは必須である。ところが、避難委員会において被ばくの専門家がいないまま避難行動について議論した結果、両論併記のまま不十分な検証に終わった。他方、被ばく・健康問題を専門とする健康分科会においては、避難の手順・実態に立ち入らないままであったから、避難と健康に関連する問題の記述も不十分なものとなってしまった。

さらに言えば、介護が必要な人々の避難とその健康状態を維持する体制について検証をすべきであった。これには地方自治体との協力体制を組むことが必須であり、まさに県や地方自治体の出番である。しかし、そこまで問題を拡大することは当初の枠組みを越えるとして議論されなかった。このように健康に関わる問題は多岐にわたる。本分科会の報告には取り上げられていないが、福島事故から学ぶことはまだまだ多くあったことを忘れてはならない。

(b) 報告書の問題点

健康分科会の報告書提出が2023年3月24日という、県が設定した任期切れ直前となった。そのことからわかるように、県が要請した期限に迫られて急遽まとめられたものであることが容易に推察できる。

報告書は全体として60ページばかりのコンパクトなもので、11ページに及ぶ「参考文献」と放射線被ばくに関する4ページの「附属文書」が付けられており、学術論文のような体裁となっている。また、健康問題に閉じず、「原子力事故予防・対応活動に資するため」として、一般的な注意事項をまとめた「提言書（注釈も含む）」が8ページも付与されている。その結果、分科会としての実質的な報告は32ページでしかなく、特段多いわけではない。むしろ、検討事項をもう少し詳しく記述していればよかったのに、と思うほどである。

報告書自体としては、一般的な県民や行政に携わる人々を想定したものではなく、医療の専門家に対するレポートとして書かれている趣がある。というのは、医療の専門家からの批判や反論を避けるため記述が慎重になり、医学的に確実なことしか述べていない箇所が見受けられるからだ。したがって私たち素人にとっては内容が難解で、何を主張しているのか明快でないところが多くある。むろん、医療・医学に関しては、単純明快な結論は出し難く、正確さを最優先した結果なのだろうが、県民のための検証委員会であるという観点が置き忘れられていると言わざるを得ない。せっかくの内容が、広く県民に共有され難い体裁となっているからだ。

さらに付け加えるなら、分科会としての議論の終盤で甲状腺がんの問題に集中したこともあって、報告書の半分以上に甲状腺がんに関連する事項・問題・経緯が書かれている。それもあちこちに大きくスペースを取って繰り返されており、もっと整理してわかりやすい記述とすべきであった。結果として、福島原発事故において生じた甲状腺がんに関わる被ばくの一般的状況と避難行動における被ばくの実態、甲状腺がん以外の健康問題、国連科学委員会報告の問題点などの重要項目の記述が分散的にならざるを得なくなった。せっかくの議論の全容が見え難くなっているのが残念である。

「はじめに」の記述において、分科会報告では「①原発事故発生初期のプルーム発生と事故初期の放射線被ばく量を的確に測定できない状況、②問題が多発した避難活動、③『過剰診断』も含めた甲状腺被ばくと甲状腺がん、④原発事故による心も含めた健康への影響を検証した」とある。しかし、実際にここに記した①～④が順序立てて記述されているわけではない。報告書では、第Ⅰ章が要旨、第Ⅱ章に検証の方向性が書かれ、第Ⅲ章で放射線被ばくと健康へのリスクを論じつつ、甲状腺がんのスクリーニングと過剰診断について述べている。そして、第Ⅳ章で福島原発事故における被ばくの状況と避難行動の問題点を論じ、再び甲状腺被ばくと甲状腺がんの検査と過剰診断の問題に触れ、さらに甲状腺がん以外の健康被害やメンタルヘルスや避難者の健康問題について手短に述べている。第Ⅴ章が提言である。残念ながら、メンタルヘルスや避難者の健康問題についての検討が乏しく、まさに付け足しでしかない。以下では、報告書の主な事項について、手短にまとめておく。

7－2　報告書の主な事項

(a)「甲状腺がん」について

健康分科会で最重要であると見做して時間をかけて議論したテーマであり、福島で多数見つかっている。事故時18歳以下であった者の「甲状腺がん」患者の出現問題に焦点が当てられている。実際に甲状腺がんとされる患者が、これまでの累計で300人を超え、実際に甲状腺切除の手術が行われてきた。にもかかわらず、福島県健康審議会では、過剰診断・スクリーニング効果であるから放っておいても問題がなかったとの意見が大勢を占め、「甲状腺がんと原子力事故とは無関係」が公式結論となっている。当初に浴びた放射線量が小さかったという「事実」が理由とされているのだが、はたして本当に被ばく線量が少なかったのか疑問があることを、本報告書では繰り返し述べている。被ばく量が正確に測られていない、平均量で議論するのは危ない、追跡調査を放擲すべきではない、との強い批判があり、本分科会の力点もそこにあったからだ。

チェルノブイリ事故の歴年のデータを見れば、4年後くらいから甲状腺がんが急増していることが指摘されてきた。しかし、それは検査法の違いによるものであったことが明らかにされている。さらに、はじめ腫瘍は小さくても短期間で急拡大する例も見られ、長い時間にわたって多数のサンプルを調べなければ、本当に原発事故と無関係なのか結論は出せないはず、という意見も出され、福島県の公式結論は一応ペンディング（留保）になっている。しかし、このまま推移すればこれが最終結論となってしまう危険性がある。

私は、口癖のように「人間は複雑系だから、単純な議論で結果を決めつけるのは正しくない」という意見を述べている。人間の多様性を考えれば拙速に結論に走るべきではないからだ。浴びた放射線が少なくても発病する人がいる一方、放射線を多く浴びても発病しない人もいる、というふうに単純ではない。平均の被ばく量で一律に被ばくが原因でないと決めつけてはならないのだ。その意味で、健康分科会ではこの問題について被ばくの専門家とともに疫学の専門家も参加して議論しており、慎重な姿勢を維持して地道な検証作業を続けてきたことを評価したい。

また、国連科学委員会の報告（「UNSCEAR 2020 Report」）の公式和訳では「甲状腺がんの発生は見られそうにないと結論付けた」とあるが、「結論付けた」部分は、英文では「信じている」という表現で明確な結論ではない。本報告書で2度までも英文を引いて強調し、いわば公式和訳にバイアスがかかっていることに注意を喚起している。このような見解は貴重である。

甲状腺被ばくに関して、福島県のヨウ素摂取量の調査から過剰なヨウ素摂取は見受けられず、「UNSCEAR 2020 Report」の甲状腺吸収線量係数は過小評価であるとしている。内部被ばくに関して、初期の葉物野菜のヨウ素測定は不十分であり、高濃度の放射性物質に汚染された食物を摂取した可能性が高い。また、飲料水の放射能汚染については水道の普及度の違いが大きく、都市部と農村地域の差異を考慮して被ばく量を評価する必要があると注意を喚起している。いずれも重要な指摘である。

健康分科会では、甲状腺がんに関して論点を8つに整理し、それぞれの項目について詳細に検討し議論を行うという手順で検証を進めている。ここでは、出された論点を列挙しておくのみとするが、これだけ多くの論点があり、簡単に過剰診断として無視してしまうのは問題であることがわかるであろう。

① 小児甲状腺がんの予後はどうであるか？
② 甲状腺の潜伏期は、チェルノブイリの例では4年となっているが、それは正しいのか？
③ 15歳以上で受けた被ばくも甲状腺がんのリスクを増加させるのか？
④ 内部被ばくは外部被ばくより危険性は高いのか？
⑤ 甲状腺がんに関して、どのような交絡因子（別個の要因）が考えられるのか？
⑥ 超音波検査などの検診の効果はあるのか？
⑦ 安定ヨウ素剤の予防効果は見られたのか？
⑧ 被ばく線量から見て、福島県内のどの地域で、どの程度、甲状腺がんが増加したのか？

これらについて、福島県が発表したデータ（福島県立医科大学提出のもの）を詳細に検討し、そのバイアスや福島県医大以外のデータをも考慮し、またチェルノブイリのデータを参照して検討している。甲状腺がんの出現について、原発事故によるのか、そうではなく過剰診断によるのか、の論争が新潟県においても起こらないようにする必要がある。そのためには、少なくとも小中学生に対して、毎年1回は甲状腺がんの定期検診を行うことである。そうすると、日常における甲状腺がんの発生確率がわかり、原発事故が発生した場合の患者数の推移と比較すれば、直ちに原発事故と関係があるかないかの結論が下せる。もし柏崎刈羽原発の再稼働を決定しようとするなら、甲状腺がんの定期検診を、新潟県としてまず採用すべきという重要な施策の提案である。

2023年5月現在では、18歳以下の甲状腺がんが338名となっている。有病率は一般集団より明らかに高く、わが国の甲状腺がん登録の有病者数に比べて数十倍のオーダーで多いことは否定できない。これは「被ばくによる過剰発生」なのか、「過剰診断」なのか、のいずれかである。これまでの科学的知見（第19回「福島県民健康調査」検討委員会資料3、2015年5月）からは、「前者（過剰発生）の可能性は完全に否定するものではないが、後者（過剰診断）の可能性が高いとの意見があった」との見解が示されている。しかし、「小児においても過剰診断があるものと推察できるが、十分なエビデンスがあるとは言い難く、この点を明らかにすることが今後の課題である」としか述べていない。

(b) 平均値で議論する問題点

そして節を改めて、「UNSCEAR 2020 Report」にあるように、超高感度の検診手法が過剰診断をもたらした可能性は否定できないが、過剰診断の割合がどの程度か、に関して定量的な検証が必要であるとしている。また、「集団の平均線量が低くとも、線量推定の精度が低く、甲状腺がんと診察された小児が比較的高い線量に被ばくした可能性を否定できないことに留意すべきである」と述べている。つまり、算出された甲状腺被ばく量はあくまで平均化された値（集団の代表値）であり、線量分布に幅があって、平均から外れて大きな線量で被ばくした住民（子ども）も存在したことを忘れてはならない、と平均値で論じることへの注意を改めて促しているのは貴重である。

このことは繰り返し述べられている。原発事故時の緊急事態の初期モニタリングシステムの実態から、原子力災害対策マニュアルがそのまま実行されず、初期被ばく対応が不十分であったことを、実際の事故時の初期被ばく（放射性プルームの発生と避難）の状況から明らかにしている。その上で、いくつかの研究グループによる住民の甲状腺内部被ばくの断片的な実測結果、モニタリングポストなどのデータからの外部被ばくへの影響などを参照しながら、実際の被ばく量の推定の困難を述べている。

言い換えれば、これまで一般に流布してきた人体への実効線量や実用量（被ばく量）の値が不正確であった、ということを意味している。ところが、住民が浴びた放射線は平均として少なかったとの見解のみが独り歩きし、それが放射線の影響は考えられないとの公式見解の根拠となっている。むしろ、そのような見解への疑義を委員会として提示しているのである。そして、「平均として被ばく量が少なかった」ということを、「誰もの被ばく量が少なかった」と言い直すことで、問題を糊塗してしまっているという。平均として少ないからといって、多量に放射線を浴びた人は存在しないとは言えないはずで、個々のケースをきめ細かく調べることの重要性を指摘している。

以上のように、健康分科会として福島原発事故時の医療対応も含めて避難行動に対する多様な可能性を述べているのは貴重である。プルーム発生時のあるべき避難の議論、避難時のSPEEDIのデータの有効利用と対比的な原子力規制委員会のSPEEDIの不使用方針など、避難と被ばくの関連について多くの問題がある。それらを反省事項として挙げており、それをもっと強調すべきであった。

(c) 被ばくと避難行動

以上から、避難行動に関して健康分科会と避難委員会との合同の検討会が必要であったことが痛感される。被ばくがない避難は不可能なのか、被ばくを最小限にする避難行動の要諦は何か、避難中の被ばくの健康への悪影響をどのように見積もるべきか、というような問題を双方の委員会が持ち寄って議論することが必要であったからだ。実際、本報告書において、「新潟における避難の懸念点」について3点が示され、その解決法が提示されている。それらは、

① 放射線除染スクリーニングポイントの選択は正しいのか？――スクリーニングポイントを発電所から50～80kmに遠ざけて混雑を避け、ドローン利用による混雑状況の「可視化」やスマートフォンへの情報提供はどうか？
② 避難と医療施設の関係の問題――原子力災害拠点病院、医療協力機関、基幹災害拠点病院などの役割とそれぞれの連携は十分か？
③ 自家用車による避難の問題――自家用車による避難の際の被ばく低減効果は検討されているのか？

である。これらを参考にした避難行動への提言として、(1) 公的な啓発活動、(2) 避難訓練の実施、(3) 平時からの緊急事態への準備、の重要性を述べている。しかし、一般的注意事項の域を出ておらず、それ以上の検討へと発展していない。

一方、放射能の除染スクリーニングについて、初期被ばくの防護に重要として紙面を割き、特にスクリーニングレベルの13,000cpmから100,000cpmへの引き上げにおいて生じた混乱、そのレベルを上回ってもなお除染処理が行われ

なかったこと、水の供給が不十分で体の除染ができなかったこと、体表面スクリーニングの測定記録の省略、サーベイメーター証明書の発行を怠ったこと、など福島事故の際に生じたさまざまな問題点を指摘している。

甲状腺がんの発生予防には安定ヨウ素剤投与が重要なのだが、それについての注意事項を付け加えている。放射性ヨウ素を放射線に曝露される24時間前から曝露後2時間までの間に投与する必要があり、事前配布が必須である。同時に副作用への用心のため、原子力規制庁は事前配布にあたって、原則として医師による説明会を開催することを勧めている。そこで2017年に改正されたWHO（世界保健機関）のガイドラインの7つの提言――①服用のタイミング、②優先すべき対象者、③40歳以上の人への効果、④副作用、⑤複数の服用を避けるべき対象者、⑥服用後の経過観察、⑦事前配布方法――を一覧している。安定ヨウ素剤だけに頼るのではなく、避難、非汚染食品の入手などを組み合わせた防護措置を行政と住民とが準備しておくことが必要と述べていることは注目される。

兵庫県丹波篠山市は福井県の大飯原発から45～70kmの地点にあるが、原発が事故を起こした場合のシミュレーション結果から、放射能汚染の可能性があることを知った。そこで、市長の決断によって市費を使って安定ヨウ素剤の事前配布を行い、医師による説明会を毎年行っている。このような自主的な取り組みは原発周辺地域の先進例として高く評価できることで、この事例を取り上げて紹介してもよかったのではないか。

(d) 甲状腺がん以外の健康被害について

被ばくによる遺伝的障害（先天異常）や胎児への影響、メンタルヘルスへの悪影響、屋外活動の減少による小児への影響、そして複合災害（原発事故・地震・津波・火災）による避難者の健康障害など、甲状腺がん以外の健康被害についても報告している。

原発事故に伴う遺伝的障害の増加の有無については不明であり、現時点で結論を出すことは難しい。メンタルヘルス関係では、複合災害によってストレスが強まったことによる自殺・PTSD（心的外傷後ストレス障がい）・心理的苦痛

（うつの増加）がある。それらは総説論文として多く発表されている。例えば小児への影響として、幼児から中学生の肥満傾向や小中学生のメンタルヘルスへの悪影響が顕著である。また、成人避難者の健康障害として、メタボリックシンドローム有病率の上昇、慢性腎臓病・肝機能障害・赤血球増加症・高尿酸血症の増加、精神的な健康問題としてPTSD・うつ・アルコール依存症の増加、脳卒中や心臓病のリスクの上昇、などの報告がある。避難後の死亡リスクは施設による差が大きいという結果も注目される。

以上は、文献調査による概観である。また、東日本大震災関連の死者数を比較すると、絶対数においても、10万人当たりにしても、福島県は岩手県や宮城県の約3倍となっており、原発事故によると考えなければならない。

7−3　十分に検証できなかった論点について

(a) メンタルヘルス

メンタルヘルス（心の病気）に関わる問題点が、健康分科会として十分議論できていない。外面的にその病状が読み取れる肉体的疾患とは違って、メンタルヘルスは内面に関わることだから外見からは判断し難く、互いに気遣い、打ち解け、思量し合って対話することがない限り、他人（医療者）には把握（介入）し難い。だからこそ、心の健康管理として特別に意識してケアをする必要があり、その方法や対策や治療法に関しての議論があってしかるべきではなかったかと思う。

特に故郷を離れて異郷に暮らす避難者にとっては、避難先での社会的孤立がある。故郷からはもちろん、避難先の住民から、家族から、同じ避難者コミュニティから、避難情報から、とすべてから分断あるいは隔離されているとの意識が強くなっているからだ。その結果、精神的に追い詰められてメンタルヘルスの悪化を招きやすい。故郷の喪失や避難先での辛い社会的体験が心理的ストレスになり、さらに生活費や住居費の不安が重なって経済的ストレスが付け加わる。それらが重荷になって家族関係を維持することが困難になり、それが社会的ストレスに加わって圧迫される、というような悪循環が昂じてPTSDになっていく。

つまり、PTSDの原因は直接の被災体験からだけでなく、避難元や避難先での人間関係や支援格差によることも多いのだ。その状態で、もがき苦しんでアルコール中毒になったり、自死を選んだり、対人関係を遮断して孤独死を迎えたりすることになってしまう。このようなメンタルヘルスの悪化が昂じて震災関連死となり、震災関連自殺に追い込まれている事実を見なければならない。メンタルヘルス対策は、一過性の天災（地震や津波）とは異なった、原発事故に起因する長期的課題として検討すべきであった。

(b) 自治体職員の病弊

あまり注目されていないが、重要な課題として被災自治体の職員の問題がある。避難先からの住民の本格的帰還が始まる時期は、一般には健康回復期、メンタルヘルスでも第3期とされる段階なのだが、実はこの段階において帰還者を受け入れる自治体職員の病弊・離職・自殺の増加という状況が生じている。実際に福島県の2020年のデータでは、休職者191名のうち早期退職者が172名もあり、自殺者も県職員4名、市町村職員5名という結果が報告されている。これらの職員の多くは、自分も被災している上に帰還者の面倒をみることが求められ、強いストレスがかかっていたと推測される。避難者の健康状態に注目しがちであるが、住民の世話をすることが求められる自治体職員の健康問題についても注意を払う必要がある。私たちは、自治体職員に対して行政サービスを要求するのは当然との態度で接するが、その職員も被災者であって疲れており、厄介な問題を持ち込まれたら自棄的になりかねない。これも福島事故がもたらした健康問題の一つのテーマではないだろうか。

(c) その他の論点

福島県県民健康調査の結果及び国連の科学委員会報告（2020年）をどう受け取るかが問題である。さまざまな視点からの、被災者の健康についての観察・調査・分析・勧告は大いに参考になるのは事実である。しかし、この2つの報告は問題点を多く孕んでおり、批判すべき論点が多くある。被ばく・疫学の専門家として、これらの調査結果を批判的に読んだ上での論点の指摘は大いに参考になるが、本報告ではそれほど詳しく論じられてはいない。幅広い視点からのデータの読み方を学ぶために、今後機会があれば別冊として出してほしいものである。

最後に、原発事故に伴っての精神的圧力がメンタル面で多くの悲劇を生み出していることを「構造的暴力による社会的圧殺（虐殺）」と厳しい言葉遣いで言う人がいる。現実に存在している社会・経済・政治の強力な支配システムの下で、有無を言わさず従う（同調する）ことが求められ、人々はそれに抗えないまま従属せざるを得ない状況にある。これを「構造的暴力」と呼び、やがてそれに強要され死に結びついていく状況が頑として存在しているということだ。構造的暴力は物理的暴力とは異質の、心理的で間接的・潜在的に社会からふりかかる暴力的形態のことで、貧困・飢餓・抑圧・差別などに起因する。1969年にノルウェーの平和学者であるヨハン・ガルトゥングが提唱した概念で、さまざまな適用例がある。

例えば、原発は核の平和利用であり、経済優先の社会にとって不可欠のものであるから、それへの抵抗はムダであり、危険性ばかりを強調したがるのはヒロイズム（自己満足）に過ぎないとする意見がある。日本政府の原発優先の姿勢もそれに起因すると言える。そのような社会的圧力・同調圧力が「構造的暴力」の基本要因となっていると言えよう。現在の社会経済システムは、このような膨大な犠牲者の出現が必然化している側面がある。私たちは、自らの健康を犠牲にして、構造的暴力に盲目的に従う日々を送っていていいのだろうか。抵抗はムダだと諦めることなく、この暴力を疑い抗い続けることが必要である。人間が健康な日々を送るために、構造的暴力にどう対抗していくか、これこそ現代社会の重要な課題であるのではないか。

第Ⅲ部

柏崎刈羽原発の再稼働は大丈夫か

　ここまでは新潟県と関連する事柄をまとめてきたが、以後は原発（広く原子力施設）一般の背景を成す問題について論じる。標題を柏崎刈羽原発としているが、柏崎刈羽に限ったわけではなく、どこの原発（原子力施設）にも共通する問題であると思う。まず、第8章で原発をめぐる諸機関の適格性について、事業体である電力会社のみではなく、立地自治体や原子力規制委員会、そして司法（裁判官）の問題を取り上げる。第9章では複雑系として見た場合の原子力技術の不確実性を論じ、第10章では原発事故の他の災害とは異なる実相を洗い出す。第11章では原発事故時の避難問題について、第6章とは異なった観点から議論する。第12章は原発事故によって地域に引き起こされた問題点を一覧し、第13章で原発とテロ及び戦争への対策はなくお手上げであることをはっきりと示す。

　日本各地域で原発（原子力施設）に関わっておられる方々には、自分たちの問題として引き寄せて読んでいただければと思う。

第8章　諸機関の適格性について

この章では原発に関わるさまざまな権益・権利・判断・布告・決定などに関与する機関や当事者の適格性を議論することにしたい。一般人が、原発に関係して権力を持つ立場にある人たちの行動や仕事への姿勢から、恐れ多くもその適格性を論じようというわけだ。私たちは、権力を有するかれらの決定に否応なく従わされているが、はたして当事者たちは、そのような決定を行い、私たちにそれを強いることができる資格があるのか、そう問いかけたいのである。言い換えれば、原発問題について私たちは単に従属する存在であってはならず、権力を持つ者に対する批判的言辞を公表し、多くの人たちと観点を共有することによって、原発推進の独善的体制を変えるきっかけにしたいのだ。

8－1　事業者である電力会社の適格性

日本には10の電力会社があり、沖縄電力を除く9つの電力会社（北海道・東北・東京・中部・北陸・関西・中国・四国・九州）はすべて原発を所有している（第13図）。これら9社は、各々地域性・歴史性・顧客層・企業規模・企業の特徴等が異なり、それに応じて企業体質もさまざまである。それ故に、一律にその適格性を論じることは難しい。そこで、私が見聞した東電について適格性を論じる。おそらく、他の電力会社にも共通する適格性に関わる疑義が多くあると想像され、東電に限った話ではないことに同意されると思う。

東電は過去（例えば、2002年）に重大な事故隠しを行って世間の顰蹙を買い、2011年3月11日の福島第一原発の過酷事故を引き起こして多大な損失を与えた。これだけの問題を起こせば、通常の企業なら存続が危うくなることは確実である。しかし、そうはならずに大きな顔をしていられるのは、電力会社が地域独占体であり、かつ総括原価方式で利潤が保証されてきたためである。電力会社を取り潰すとたちまち電力供給が困難に陥ることになる。電力会社は地域

泊発電所（北海道）	北海道電力
東通原子力発電所（青森県）	東北電力
女川原子力発電所（宮城県）	
福島第一原子力発電所（福島県）	東京電力
福島第二原子力発電所（福島県）	
柏崎刈羽原子力発電所（新潟県）	
浜岡原子力発電所（静岡県）	中部電力
志賀原子力発電所（石川県）	北陸電力
東海第二発電所（茨城県）	日本原子力発電
敦賀発電所（福井県）	
高速増殖原型炉もんじゅ（福井県）	日本原子力研究開発機構
美浜発電所（福井県）	関西電力
大飯発電所（福井県）	
高浜発電所（福井県）	
島根原子力発電所（島根県）	中国電力
伊方発電所（愛媛県）	四国電力
玄海原子力発電所（佐賀県）	九州電力
川内原子力発電所（鹿児島県）	

第13図　日本の原発

左図出典：福島原発事故の真実と放射能健康被害（https://www.sting-wl.com/japanese-maps）

丸抱えの城主のようなもので、国が電力の自由化を積極的に進めてこなかったため代替できる電力会社がなく、利潤を保証して地域独占企業を温存させてきた。東電は、福島第一原発の大事故で国から何十兆円もの借金をして事実上国営企業なのだが、私企業同然に振る舞っている。電力会社の「親方日の丸」の組織体質は抜き難いものと言えよう。

(a) 東電の隠蔽体質

東電は、事故を起こした福島原発と同型のBWR（沸騰水型原子炉）である柏崎刈羽原発の再稼働を執拗に求めている。原発の運転による収益によって福島事故で背負った国からの借金を返そうと算段しているのである。このように、あくまで経済論理を優先させての原発路線を進むという経営方針なのだが、はたして東電に原発を稼働させる権限を委ねてよいのだろうか。東電の適格性に関わる問題点は第4章でも触れている。本節で再論するのは、そこで触れられた技術的側面の適格性だけでなく、原発稼働を担う事業者としての幅広い側面からの適格性を、章を改めて事故を起こした東電の実際の所業を見ながらまとめておくべきだと考えたためである。

東電はこれまで何度も失態・不正・不誠実・隠蔽・改ざん・手抜き事件を引き起こしてきた。それが明るみに出るや、そのつど言い訳・謝罪・反省をし、事実を検証して改善・再発防止・リスクマネジメント強化を図って善処を約束する、という行為を繰り返してきた。しかし、その約束はことごとく裏切られ、反故にされてきたのが現実であろう。

例えば、2002年にシュラウド（原子炉圧力容器の中心部を覆う円筒状のステンレス製の構造物）のひび割れなどの実に数多くのデータ改ざんが暴露されたのだが、その発端は、

① 資源エネルギー庁がGE（ゼネラル・エレクトリック社）の技術者からの内部告発を受け取って東電に事実かどうか問い合わせたのだが、東電はそれを「否定」し、「あってはならないことは存在しない」として告発内容を調査しようとなかった、
② 原子力安全・保安院は、最初そのまま東電からの「安全レビュー」を妥当としていたが、「自主点検報告書」を精査して不正を見つけたと発表するや、29件のデータ改ざんを行っていたことが東電の申告でようやくわかった、

というものであった。東電は、嘘がばれない間は失態を認めずに徹底して調査をサボり、箝口令を敷き不十分な書類しか提出しないのである。ところが、不正の実態がいったん暴かれるや慌てて隠していた多くの事実を認め、さらに追及されるとより深刻な問題（シュラウドのひび割れやジェットポンプの摩耗）の隠蔽を認めるという次第であった。内部告発がなければ事実の露見がないまま、重大事故につながる局面へと発展していったかもしれない。

この一連のトラブル隠し事件によって社長の責任が問われて辞任せざるを得なくなり、東電のすべての原発の運転がいったん止まるという深刻な事態に追い込まれた。その発端となった内部告発がGEの技術者であったことは、東電内部ではデータ改ざんを知りながら黙り続けた技術者が多数いたことを意味す

る。そんな無責任な技術者集団に原発の運転を任せられるだろうか。技術者としての矜持をどこに置き去りにしてしまったのだろうか。

(b) 東電の手法

島崎邦彦氏（原子力規制委員会の元副委員長）は、東電の科学を捻じ曲げる手法として、

① 権威によって優位に立つ、
② 専門的な議論を一方的にまくし立てて自らの主張を押し付ける、
③ 情報を非公開として不利なことを隠す、

が常であると述べておられる（『科学』2021年11月号）。それに対抗して、①については「権威を疑う」、②には「専門家が監視する」、③には「情報公開を求め続ける」ということで対抗しなければならない、と言われる。それは正論なのだが、そこで対抗する人物（監視する専門家）とは誰なのか、実際に居るのか、はたして望むような行動をとれるのか、を問わねばならない。原発技術の専門的研究者、そして技術者に対して、この提言を突きつけ実践してもらわねばならないのだが、はたしていわゆる原子力ムラの住人の専門家にそれは可能なのだろうか。

さらに、新潟県技術委員会の委員で、東電とさまざまな場面で議論し、対立し、物別れになり、ということを何度も繰り返された経験をお持ちの方々が、共通して言われることがある。それらをまとめると、以下のようになる。

① 東電は「法的に義務づけられていない」ことには一切対応しない。国の法的義務は最低基準であり、上乗せする姿勢が不可欠なのだが、その姿勢に欠けている。規制基準やガイドラインに書かれていることは守るが、それが上限で、そこに書かれていないことには一切手を出さない。安全装置を余分に付けるというようなことは義務づけられていないから措置しないのである。

② 東電は、「科学的に確認されていない」ことについては、「それはまだ不確定」だとして認めず、確定させていく作業に一切協力しない。特に安全に関わる問題点は、二重にも三重にも点検して不備がないことを確定させていかねばならず、それこそが「科学的な確認」なのだが、その姿勢に決定的に欠けている。

③ 東電は、反対派の研究者の意見を肯定的に受け止める態度（度量）が欠如している。また、かれらには、自分たちは間違っていないとする自己本位な態度がありありと見えて傲慢で、反対意見から学ぶ謙虚な姿勢が欠如している。

④ 政府や国会の事故調や新潟県の検証委員会に参加した研究者が「東電の協力が得られないので困る」とこぼしているのも、福島事故の調査・検証に対して東電が誠実に対処していないためである。その背景には、東電自身が「東電の情報がないと検証できない」ことを知っていることで、「東電の社員や技術者が非協力を貫けば、責任追及が甘くなることを見越している」という姿勢が強く感じられる。

⑤ 実際、事故に関する重要な情報をほとんど東電が握っており、その開示が東電の一存に委ねられている。東電はキャスティングボートを握っていて、肝腎のことになると「現在ではわからない」「まだ確かなことは言えない」「安易に公開できない」と言って公表しないのである。そのため、情報開示が不十分なまま引き下がらざるを得ない。これでは科学的な調査・検証ができるはずがない。

⑥ 他方では、東電の一元的な情報で一方的なストーリーが作られているきらいがある。例えば、原子炉設備の損傷が地震によるものか、津波によるものかの議論になると、東電は津波説に都合がよい情報しか出さない。そのため、地震説の主張者は、さまざまな状況証拠を積み上げて反論せざるを得なくなる。このように東電は事故原因のための調査に対して公正な対応をしておらず、自らの意見の過誤を正直に認めることは期待できないと言わざるを得ない。

実に生々しく、さもありなんと思える部分が多くある。事故を起こしたはずの東電が、重大情報を握っていて結果の解析まで左右しかねない態度なのである。

実際に東電が福島事故で信頼を損ねてきた具体的な事例としては、

(1) メルトダウンの発生を認めたのが2カ月後であり、文書で確認したのが1年後であったこと、
(2) 汚染水の認識について自分たちで判断しようとせず、また廃炉作業のための敷地確保は口実でしかなく（実際に、広い敷地がある）、政府の既定方針通り海洋投棄へ持ち込もうとしてきたこと、
(3) 放射性物質の測定については、外部委託したまま自らは検査せず、放射能汚染の実態について熱意を持って把握しようとしていないこと、
(4) 除染をはじめとする被ばく労働について、自分たちは発注者でも雇用者でもないと無関係を貫き、果ては原発から飛散した放射性物質は東電の所有物ではないから責任を負わないとうそぶいて賠償交渉に誠実に対応せず、原発事故への無責任で不誠実な体質がありありと見えること、

等が挙げられる。万一、東電が柏崎刈羽原発で事故を起こせば、このような態度で新潟の住民に接すると覚悟しなければならない。

8－2　県・立地自治体の適格性

原発稼働については県と立地自治体の承認が必要であり、安全協定を結ぶなどして、事業体である電力会社に対して一定の発言力を有してはいる。しかし、他方で政府や電力会社からの過分な資金提供――電源三法・固定資産税・電力会社からの寄付金や協力金・補助金など――を受けていて、あまり強い態度に出られない。いわば電力会社と県・立地自治体とは持ちつ持たれつの関係なのだが、現実においてはスポンサーである電力会社が断然強く、地元は原発城下町となっていて電力会社様々である。原発は、いったん立地してしまうともはや移動できないから、むしろ地元はそこに目をつけて、もっと強硬な態度に出ればいいのにそうせず、反対に隷属していくのだ。県や立地自治体の適格

性を問うのはそこなのである。

(a) 新潟県の適格性について

いかなる法律にも書かれていないのだが、県知事は、原発の稼働を承認する際には事業者と安全協定を結ぶのが慣例で、これがなければ原発の稼働はできないことになっている。つまり、県知事は県民を代表して事業者と安全協定を結び、原発が安全に運転できることを確認する当事者なのである。それがあってこそ、何らかの事故が起こった場合、事業者である電力会社の県民に対する責任を問うことができるのだ。したがって、県知事に安全協定を結ぶ当事者としての適格性があるかどうかが問われることは当然であろう。

むろん、政治家である知事が原発の安全性について科学的な知識を有しているわけがないから、信頼できる専門家の助言を得て判断するというのが普通である。東電のデータ隠しが発覚したとき、当時の新潟県知事の平山征夫氏は、2003年に原発の専門家の検討を得るべく「新潟県原子力発電所の安全管理に関する技術委員会」を発足させた。続く泉田裕彦知事はその技術委員会を存続させ、2007年に中越沖地震が起こった後には、地震など地学に関わる問題を議論する小委員会と設備の耐震性を議論する小委員会の2つを新たに設置した。より幅広く柏崎刈羽原発の安全性に関する検討を重ねることを求めたのである。また、福島事故に関する政府・国会・民間の事故調査委員会が重大な未解決問題を多く残したままであるとして、新潟県の技術委員会での福島事故に関する議論を奨励してきた。これらは知事としての責任を強く意識しての方針であったと言える。

さらに、泉田知事の後任である米山隆一知事は、「新潟県原子力発電所に関する3つの検証委員会」と、その検証結果を総括する「検証総括委員会」を立ち上げた。福島の原発事故の未解決問題も含めて、新潟県独自の検証体制を構築したのである。福島事故の検証から得られる教訓や課題を、柏崎刈羽原発に生かすことを考えたのだ。続く花角英世知事も「3つの検証を引き継ぎ、その検証結果を県民に評価してもらって結論を得る」と公約した。知事の一方的な判断ではなく、専門家による検証結果を示して県民の判断を得ることとしたのである。

と、ここまでは新潟県知事の適格性については合格点を与えられる。しかし、第2章に書いたように、検証総括委員会委員長である私と花角知事との間で決定的な意見の対立が生じたことから、花角知事は検証総括委員会を消滅させ、専門家を抜きにして事務的に「検証総括書」を公表してしまった。科学的な検証総括は不要で、県の事務官が検証委員会からの報告を形式的・事務的にまとめるのでよいというわけである。さて、こんな知事に原発の将来を委ねてよいのであろうか。

私は、例えば技術委員会の任務は、柏崎刈羽原発の安全性の観点からの課題・教訓をリストアップし、その問題点を検証し、具体的に対応策が措置されているか点検することだと考えていた。それが柏崎刈羽原発の再稼働の是非の判断に関する重要な参考情報となるからだ。あるいは、避難委員会において柏崎刈羽原発が事故を起こした場合の避難について、避難の発端から最後の帰還まで県が関与すべき手順を示すべきであった。その上で、原発を受け入れる覚悟があるかについて検証総括委員会が県民の意思を聞く、という手続きが必須であろうと思っている。それがせっかく立ち上げた検証委員会の任務であり、その過程を実践させようとしない知事は不適格と言う他ない。

(b) 柏崎市と刈羽村の適格性について

原発の立地自治体である柏崎市と刈羽村は、最初に原発が立地するとき県とともに東電と「安全協定」を結んだ。その後、事故が起こって修理したときや休止していた原発を再稼働させるときなど、施設の設置状況の変更があるたびごとに東電と交渉し、時には新たに「安全協定」を結び直してきた。しかし一般に、立地自治体には電力会社に安全面の要求をしたり、施設の改善を求めたり、原発への立ち入り調査を求めたりする法的権限はない。このことはあまり知られていない。実は安全協定は「申し合わせ」に過ぎず、法的に拘束力はないのである。だから、事故が起こっても電力会社の最初の通報先は政府であって、立地自治体に対して緊急事態を真っ先に通報する義務はない。また、電力会社は住民の避難計画には一切関与しない。とはいえ、電力会社と立地自治体とは持ちつ持たれつの関係だから、協定にいかにも法的強制力があるかのように見せかけているのである。立地自治体で原発反対の首長が当選しても、原発の稼働を拒否する権限はないのだ。そのことを地域住民が思い知らされる機会が、さていつ来ることだろうか。全国を見渡しても、原発立地自治体の首長は賛成派しか選ばれてこなかったからである。

そのように、法的には弱い立場である立地自治体は、はたして原発を受け入れる当事者として適合しているだろうか？　こんな疑問は誰も持たない。現に原発があり、原発と共存しなければならないのだから適合も不適合もない、と誰もが思っているからだ。それでいいのだろうか？　立地自治体として原発の安全性に何らの不安もない、ということはないはずである。であれば、そのことを自治体の首長は電力会社に常に問いかけていなければならない。形式的でなく、実質的に安全性に関する点検行動を行っているかどうかの確認である。それが原発立地自治体としての義務であり、その活動を適合性の判断材料とすべきなのではないか。

むろん、安全の保証を得るため、市町村が専門家を招いて独自の検討委員会を設置するのは無理だろう。しかし、新潟では県が技術委員会を設置しているのだから、それに便乗して担当者を決め、議論の成り行きを逐次傍聴して柏崎市議会や刈羽村議会で必ず報告し、原発の状況を広報誌に掲載して住民に知らせる程度のことをするのが、市民・村民に責任を持つ自治体行政だろう。県がそのような努力をしない場合、県に迫ってその類の委員会を設置させるよう働きかけるべきではないか。

そういう働きかけをしていると言われるかもしれないが不十分である。また、立地自治体として、電力会社の言うことに疑問があれば遠慮なく問いただし、必要なら文章で経緯を公開することだ。また、電力会社が不祥事を起こしたときに、市長や町村長が「遺憾である」「しっかりしてもらいたい」と言うだけでは、責任を問いただすことにならない。原発の運転禁止を求めるくらいのことを要求すべきである。それが原発受け入れ自治体として必須の行動なのではないか。市長がときどき批判めいたことを口にするだけでは、電力会社は何の痛痒も感じないのである。

ここで問いかけてみたい、

① 自治体の経済を支えてくれる原発なのだが、その30年先、50年先を考えたことがあるだろうか？　過疎が進む中で、子どもたちが都会へ出てしまうのを引き留める施策のため、資金源として原発を必要としてきたのは確かだろう。しかし、30年先、50年先を担う若者たち自身が、ずっと原発と共存し続けようと思っているのだろうか？　原発誘致は、若者を引き留めるための目先の策でしかなく、それが先々まで成功すると断言できるのか？

② 原発が事故を起こして避難しなければならない事態に陥ったとき、協定を結んだ避難先は喜んで受け入れてくれるだろうか？　その避難先自身が放射能で汚染されたら、次にどこに避難するのだろうか？　そもそも金のために原発を受け入れ、いざ事故になれば助けてくれと言うことが、虫のいい話であると自覚しているのだろうか？

③ 原発で発電した電力は都会に送られていて、地元で使われているわけではないことで、現代社会を支えている（つまり「日本のため」）との意識が、無条件に避難を受け入れるべき理由となるのだろうか？

④ そんな事故は起こらない、少なくとも自分が生きている間は起こりっこない、と自分に言い聞かせているのだろうが、本当にそれを信じているのか？　ただ、事故のような事態は考えたくないので考えないだけ、ではないのか？

と。このような問いかけに正直に答えずに、みんながそう言うから反対できなかった、今さら引き返せない、そう言い訳して暮らしている人たちが、本当に適格と言えるだろうか？　原発被害は立地自治体だけでなく、広く周辺自治体にまで被害を及ぼす、ということを自覚した上で責任を持たねばならないと思うからだ。

電力会社は、地元の人々の足元を見て付け込み、もはや拒否できないと思い込ませ、一蓮托生のように見せかけながら、事故が起これば自分たちはさっと逃げるだろう。現に、福島事故後に残る人の多くは、下請け・孫請け・派遣会社の雇用者が大半である。また、地元の人たちが生業訴訟とか賠償訴訟をしても、東電は誠実さに欠けた応対しかしていない、そんな東電であることをみんな知っているはずである。そのことはわかっていて、金に目が眩んで、もはや引き返せないと言うところが立地自治体の住人の常だろう。

私は、近所から非難されても、歯を食いしばって原発を拒否してきた／している人たちのことを思う。そのような人たちこそが原発に関する客観的な判断をしている、真に適格な人間なのである。そのことを新潟県民として再確認すべきではないか？　巻町という偉大な先輩がいるのだから。

8－3　原子力規制委員会の適格性

(a)「新規制基準」の由来

2011年3月11日に福島事故が起こったのだが、13年6月に原子力規制委員会が正式に設置され、同時に「新規制基準」（以下、「新基準」と略すことがある）の発表となった。実に手早い対応である。この「新基準」は「設置許可基準規則」と「技術基準規則」、それにいくつかの告示と内規より成り、いわば原子力規制委員会の憲法と施行令にあたる。ここで指摘しておきたいことは、福島事故が起きて2年少ししか経っておらず、事故の実態調査・原因究明・今後の対処の検討がまだ不十分な時期であるにもかかわらず、早々に委員会が発足し、「新基準」が出されたことである。それも、この策定には過去に原発の許認可に関わってきた専門家が多数参加しており、電力会社から資金供与を受けて利益相反にあたる研究者も複数いた。いわゆる原子力ムラの住人たちであった。さて、そのような人たちによって作成された「新基準」に、中立性や公正性や科学性が保たれていると言えるであろうか。

政府は「世界で最も厳しい基準」だと胸を張るが、決してそんなことはない。原発推進派の専門家たちが、原発が受け入れられるためにと作り上げた「新基準」であるからだ。事故後まだ時間が経っていないから世間の目は厳しく、原発の安全対策には一通りの基準を定めているものの、安全のための標準的レベルを課したに過ぎないのだ。何度も言うように、電力会社は「基準」は守るべき「上限」であって、それ以上の措置を採らないのが普通である。私たちは「新基準」そのもののレベルにも注意を払っていなければならない。ヨーロッパでは、コアキャッチャーや二重の格納容器の設置など、さらに厳しい基準へと改訂しようとしているのである。

(b) 原子力規制委員会の出自

福島事故が起こった後の2012年9月に原子力規制委員会（NRA: Nuclear Regulation Authority）が、環境省の外局という位置づけで、国家行政組織法第3条に基づいた行政委員会として発足した。首相や閣僚に対する勧告権を有する独立した強力な委員会で、「3条機関」とか「3条委員会」と呼ばれる。当時の民主党政権の意気込みがわかる。このことは、その後2013年6月に定められた原子力規制委員会設置法に書き込まれた。この規定はアメリカの原子力規制委員会（NRC: Nuclear Regulatory Commission）を参考にしたものであるとされるが、その要点は、

① 原発行政にバックフィット制（新たなより厳しい基準ができれば、それ以前の原発にも同じように適用する方式）を課し、
② 原発の運転期間は40年とし、例外的に20年の延長は認める、
③ 原子力規制員会の事務局である原子力規制庁にはノーリターンルールを適用する、

で、これまでにない厳格な法律だと大きく喧伝された。

ところが、①のバックフィット制適用の必要条件を明示していないから履行されず、②の20年延長の「例外規定」が“前例”となって「常習規定」となり、③のノーリターンルールは官僚の世界で簡単に破られるだろう、と容易に予想された（事実、後日にことごとく的中していたことがわかった）。

私は、また、この日本版原子力規制委員会を「原発の存在を前提（当然）とし、その判断結果に責任を負わない委員会」であるという限界が、時間が経つにつれ露わになってきたと思っている。まず、規制委員会の委員長が「原発の安全は保証しない」と言いつつ、申請があった原発の「安全性の審査」を行い、「適合」「合格」として再稼働を許可していることだ。「当委員会は原発の

安全性を保証したわけではない」と繰り返し述べているのは、事故が起こった場合、規制委員会の落ち度ではないと強調しているのである。だから、そもそもそのような無責任な委員会の適格性を論じることに意味があるかどうか疑わしいが、委員会が存続して機能している限りは要求し続けねばならない点もあることだし、議論を続けよう。

(c) 原子力規制委員会に求められる資質

アメリカのNRCは、産業界や政治からの接触・圧力・働きかけなどを受けやすいから、何者の意見・圧力にも左右されずに自ら決定を下す「独立性」と、規制活動に関する判断がどのような考慮の下で、どのように行われてきたかの情報を公開する「透明性」が特に求められてきた。実際には、NRCは産業界の要求を入れ過ぎるとか、逆に政府の意向を天下り式に事業者に押し付けると、さんざん非難されてきた。政府や経済界と強い利害関係にある省庁には風当たりが強く、またそうでなければならないのである。

日本の原子力規制委員会に対しても、行政機関である内閣からの「独立性(自立性)」、そして原発推進一方ではない「中立性」がまず求められる。さらに、規制基準などの規則を作ることができる「準立法的機能」、原子力施設の許認可権を持つ「準行政的機能」、原子力に関わる紛争の審判を行う「準司法的機能」を有するという特殊性から、「公開性」「専門性」「公平性」「市民性」などをも有していなければならない。これだけ多様な要請があるということは、とりわけ重要で有効に機能すべき機関だと見做されていることを意味する。現実の原子力規制委員会が原子力行政を進める上で適格であるかどうかは、ここに掲げたいくつもの「ＸＸ性」がはたして満たされているかどうかで判断する必要がある。

最初に押さえておくべきことは、原子力規制委員会（及び原子力規制庁）の立ち位置が「原発は経済活動に必要」というもの、つまり「原発をスムースに稼働させる」ことを当然の前提としている機関であるということだ（アメリカのNRCも同じ立ち位置にある)。実際、委員の履歴を見れば原発を積極的に推進してきた原子力ムラの住人が多数を占めており、これまで行われた「新基準」の下での適合審査や老朽原発の延長審査について、すべて「合格（適合）」「許可」を与えてきた。電力会社は原子力規制委員会に申し出れば、いろいろ文句はついても、最終的には望みの結果が得られると高をくくっていることは確かである。その意味で、原子力規制委員会の適合審査に対する「中立性」や「市民性」を満たしているかどうかには大いなる疑問がある。「原発は必要」だとして、「稼働させるための審査」であって、「稼働させない審査ではない」からだ。

ここで「稼働させるための審査」と言うのは、これまでの審査において以下のような点が目につくからだ。

① 電力会社が商業機密であるとか、他社との競合上ノウハウの公開に問題があると主張すると、そのまま受け入れるから情報公開が不十分であること、
② 原子炉の挙動はシミュレーションに頼らざるを得ず、本来は電力会社が用いたプログラム・コードとは異なった計算方式のコードでクロスチェックを行わねばならないのだが、それをしないで電力会社の結果をそのまま受け入れていること、
③ パブリックコメントを行うのだが、それは形式的な儀式（「ガス抜き？」）に過ぎず形骸化しており、民主的な意見公募ではないこと、
④ バックフィットに基づいて原発の技術レベルを常に国際基準と整合的なものとすべきなのだが、原発の点検（バックチェック）はするが、バックフィットの必要条件を明確にしたことがなく、したがってバックフィットが実行されず、世界の安全基準に合わせるという国際性が欠如していること、
⑤ 科学技術には「絶対的安全性」は保証されないことを盾にして、「相対的安全性」ばかりを強調していること、

である。

ここで使った「相対的安全性」の意味について解説しておこう。科学技術に関わる事柄には、いかなるものであれ「絶対安全である」と言えない。必ず未知の不完全なところがあり、100％安全とは言えないからだ。そうすると、相

対的に（それなりに）安全であるとしか言えず、それをどのように表現するか苦労しているのである。それらを拾ってみると、

① 基準に「適合した」と言うが、「安全である」とは言わない、
② 技術的能力があるとは言わず、「技術的能力がないとする理由はない」と言う、
③ 相対的安全性とは、「危険性が社会通念上容認できる水準以下」であるということ、
④ 相対的安全性とは、「危険性が相当程度人間によって管理できると考えられる範囲である」ということ、
⑤ 相対的安全性とは、危険性と利益の比較校量を行って、「利益が危険性を上回ると判断できる範囲である」ということ、
⑥ 相対的安全性とは、達成不可能な安全性を言うのではない、

と、いかにも曖昧で無責任であることがわかる。原子力規制委員会に原発審査の信頼性を期待してはいけないのである。

(d) 原子力規制委員会の技術評価が厳しい理由

しかし、かつての「規制の虜」*と化した原子力安全・保安院よりは「まだまし」という側面がある。規制委員会は「新基準」下の技術的側面では電力会社の措置を厳しく点検していると見做されるからである。もっとも、「特定重大事故等対処施設」（以下、特重施設と略す）の建設を最初5年間も猶予したように、まだまだ甘い面が多くある。

原子力規制委員会が、それなりに技術的側面に厳しい態度をとってきたこと

* 原子力の規制を守らせるはずの役人が、逆に電力会社の顔色を見ながらの審査しかできず、結果的に電力会社に支配されることになった。これを「規制の虜」と呼ぶ。アメリカでもNRCがregulatory captureと呼ばれる同様な問題が生じ、オバマ元大統領がNRC委員に対し「規制すべき産業界の虜に成り下がっている」と非難したことがある。そのためNRCの判断に世論の目がより厳しく注がれるようになった。

について、いくつか理由が考えられる。

① 新たに創設された委員会が、「規制の虜」と非難されないために、技術的側面については厳格な顔を見せているのである。そのため電力会社は、時間はかかるがいずれ合格を出してくれると期待して、「阿吽の呼吸」で対処していると思われる（その当てが外れたのが先の特重施設についての問題で、電力会社はさらに期限を延長してくれると期待してサボっていたのだが、施設完成まで稼働禁止となってしまった）。

② IAEA（国際原子エネルギー機関）は原子力エネルギー利用を推進する団体なのだが、原発事故のために信用度が落ちて人々から原子力が忌避されることを畏れて、5段階の「深層防護」によって事故が拡大しない手立てを提案した（第11章を参照のこと）。これと同じで、原子力規制委員会は、福島事故の記憶がまだ新しいこともあり、原発への信頼が得られるよう技術的に厳しく対処しているのだろう。天災だと人々は仕方がないと諦めるが、人災だと断固拒否になりかねない。そこで、人災の側面が強い技術対策に厳しい目を向けているのである。

③ 科学技術には必ずリスクを伴うから、現代社会はリスクを受忍する覚悟をしているとの前提がある。原発を採用するのは、「リスクが社会通念上容認できる」範囲なら「安全」だとして受け入れていると解釈するのだ。その基準が「リスク評価」であり、過酷事故のリスク確率を、例えば100万分の1／炉・年（原子炉1基当たり、過酷事故の確率が100万年に1回以下）と設定する。原子力規制委員会は、このリスク確率を念頭において技術の審査にあたっているのである。規制基準やリスク評価に使う確率の大きさは規制委員会の専決事項で、あまり甘過ぎると責任が問われ、厳し過ぎると事業者からクレームがつく。そこの塩梅を見計らって判断基準（つまり「新基準」）を定めている。規制委員会が、「安全を保証しない」「事故は起こり得る」と言うのは、事故確率の見積もりに不確定が伴っていることを自覚しているためである。

④ 規制委員会は、電力会社との対応について妙な自信を持っているように思われる。福島原発事故は地震または津波で（外部事象によって）引き金が引

かれ、防潮堤の高さや非常電源の位置などの人災で（内部事象によって）事故が拡大していったことになっている。そこで生じた失敗を学び、それを改善するルールにすれば、今後は対応可能だと思い込んでいる節があることだ。これは「失敗学」の手法で、技術的側面に厳しいのは、技術に事故（失敗）の原因があったとのシナリオから、その技術に関わる部分への重点対応をしているのである。失敗から学ぶと言えばいいのだが、それに捉われると異なったシナリオは棄却され、的確に対応できなくなる危険性がある。そして、そのような結果となった場合、「想定外」だの「新知見」だのとの言い訳をして済ませるというわけだ。

規制委員会の対処に、以上のような問題点があることを押さえ、しっかり委員会の動静を監視しなければならない。技術的に厳しいとされていても、限られた側面でしかない可能性があるからだ。

(e) 原子力規制委員会の限界

以上のような次第であるから、内部事象で事故が起こったり、天災や飛び火のような外部事象で事故が誘発されたりして、原発から放射性物質が外部へ放出（IAEA安全基準における深層防護の第5層）されると、もはや技術的に阻止できないことは確かである。そのため、第5層は原子力規制委員会の責任範囲外、つまり住民の避難計画は原発の稼働許可条件に入れないということにしてしまった。そして、原子力事故が起こった際の避難計画・避難行動に対して、「原子力災害対策指針」と称するガイドラインを提示することにとどめたのだ。「ここまでしか面倒をみないよ」と勝手に線を引き、それ以上は自治体に丸投げとした。アメリカでは避難計画に関して住民訴訟がたびたび起こっていることを知っているから、それを避けるためではないかとも邪推される。

つまり、「原発ありき」が大前提で、技術で対応できるリスク管理（リスクの低減や分散）を行って原発稼働の条件を拡大するのが規制委員会の任務であり、事故の際の避難は眼中にないことになる。このような規制委員会の位置づけだから、原発を稼働させることに重点を置いた技術の審査しか行っていないことが納得されるであろう。次章で述べる老朽化した原発の審査もサボろうとしている。これらの問題点を列挙すると、はたして規制委員会はその任務に値する適格性を満たしていると言えるか疑問を持つ。原発推進のための規制ではなく、原発の廃止をも視野に入れた規制でなければならないのではないか。老朽原発の廃止も含めて、原発の将来をいかなる方向に持っていくべきかを検討すべきなのである。そのような観点を欠いている規制委員会は不適格と言わねばならない。

8−4　司法（裁判所）の適格性

(a) 通例の原発裁判

あえて言うまでもないが、原発立地自治体住民が原告となって、原発の設置許可取り消し（行政訴訟）とか、運転停止（民事訴訟）の裁判がいくつも提起されてきた（今も、なされている）。そして、ほとんどが原告敗訴となってきた（今も、そうなっている）。その理由は、1992年の伊方原発訴訟の最高裁判決にあるとされる。この判決は、「国の審査機関が最新の科学・技術上の知見に基づいて下した結論を踏まえて行政庁が設置許可している。その判断に不合理な点があるか、見逃しがたい誤りや欠陥がある場合に取り消すことができる」というものである。逆に言えば、国が依頼した専門家が合格だとし、それに不合理や過誤・欠陥がない限り、その裁断に従うべきであるというのだ。

この最高裁判決が、裁判官を縛ってきたし、また裁判官の判断を安易にもした。すべての裁判は、裁判官の良心と個人的意見に従って判決を下しているはずなのだが、実際にはそうではない。それ以前に出された判例に捉われるし、最上級の最高裁が下した判決があれば、それに背かないように努めることになる。また、そうしなければ裁判官としての先行きが心配である。ならば、最高裁判決に従っていれば楽だし、冷や飯を食うこともない、ということであったと推測される。

原発は、大型で複雑で多数のテクノロジー分野の集積で成り立っている複雑な技術だから、原告・被告双方の間で難解な科学論争になるのが常である。当然、大方の裁判官には理解できないことがほとんどであり、そのような状況下で何らかの判決を下さねばならないとすれば、最も安易な方法を選ぶことになる。つまり、国が決めたことに「見逃し難い誤り」があることを、訴えた原告側が明確に「証明」できないのだから、国の裁断に従うべきだとの従来の判決に従っていればよいというわけだ。そもそも、裁判官も原告住民が提起した問題点を研究して、国の判断に間違いがないかどうかを吟味しなければならないのだが、その「証明」は至難のことである。だから、その「証明」は裁判を提起した原告住民たちに負わせ、そうできないのだから住民敗訴は当然だとの論理立てを採用しているのだ。

そんな判決なら楽だし、最高裁のお眼鏡にも適うし、歴代のどの裁判官もやってきたことだから、アレコレ批判される義理はないということだろう。しかし、そんな裁判官は私たちから見れば、不適格裁判官と言うしかない。何より、自ら研究して独自の観点を打ち出そうとしていないし、自らの良心に照らした判決でもないからだ。研究もしないで安易に判決を下して裁判官の地位に安住しているとしか思えない。そのような裁判官は、三権分立の当事者として不適格と判断せざるを得ないのではないか。

(b) 例外もある

もっとも、自分の頭で考え、国の審査機関の専門家が下した結論に過誤や限界や考え足らずの点があることを見出し、あるいは独自の論理を立てて、原告勝訴の判決を下す勇気ある裁判官が現れてきた。まだごく少数だが、それらを列挙すると、

① 2003年名古屋高裁金沢支部において、高速増殖炉「もんじゅ」の安全審査の看過し難い過誤と欠落を指摘した設置許可無効判決（川崎和夫裁判長）、
② 2006年金沢地裁における志賀原発の裁判で、活断層の存在と原発の耐震設計に関する不十分さを指摘し運転差し止めを命じた判決（井戸謙一裁判長）、
③ 2014年福井地裁の大飯原発の裁判及び2015年福井地裁の高浜原発の裁判

で、基準地震動に重大な疑問を投げかけるとともに、人格権を前面に出して原発の存在に疑問を提示し、いずれも再稼働差し止めを認めた判決（樋口英明裁判長）、

④ 2016年大津地裁における高浜原発の裁判で、福島原発事故の原因究明が不十分であり、基準地震動と活断層が連動する可能性について規制委員会に過誤があるとして運転差し止めの仮処分を認めた判決（山本善彦裁判長）、

⑤ 2017年広島高裁において、伊方原発の地震・活断層及び阿蘇火山爆発による火山灰の影響を考慮して運転差し止めの仮処分を認めた判決（野々上友之裁判長）、

⑥ 2020年広島高裁における伊方原発の裁判で、活断層の存在と阿蘇山の噴火の危険性を指摘して運転差し止めを認めた判決（森一岳裁判長）、

⑦ 2020年大阪地裁の大飯原発訴訟において、規制委員会の設置基準にある基準地震動の不確定性とそれに伴うばらつきを考慮しておらず、平均式を用いるのは疑問として再稼働の差し止めを認めた判決（森鍵一裁判長）、

⑧ 2021年水戸地裁の東海第二原発の裁判において、避難計画とその実行体制が整備されておらず、防災体制が不十分と指摘して運転差し止めを命じた判決（前田英子裁判長）、

などがある（取り落としているものもあるかもしれない）。

注目すべきなのは、3・11以前は2件しかなかった運転差し止め判決が、3・11以後になって格段に増加したことである。明らかに福島事故の衝撃から、裁判官に最高裁判決にただ従順に従うことへの反省が芽生えたことがわかる。その結果として、原子力安全委員会や規制委員会の基準や方針について、不合理・過誤・欠落・不十分さ・調査不足などに起因する「国の審査機関が出した結論の見逃しがたい誤りや欠陥」を指摘しており、裁判官がきちんと勉強して自分の考えに従った真摯な判決と言える。

しかし、これらの画期的判決はすべて国側の異議申し立て審や上級審の審理によって覆されており、まだ最高裁判決に従う裁判官の方が圧倒的に多い。例えば、2021年11月の広島地裁での伊方原発運転差し止め訴訟を却下した裁判官は、基準地震動の設定に疑問を持った原告住民に対し、「基準地震動を超

える地震が発生する具体的危険性を住民が証明する必要がある」と指摘した。「国の審査機関が出した答えに問題があると言うなら、その問題点を住民側が証明しろ」というわけである。この意見の不当性は以下の点にある。

この裁判は、基準地震動に科学的根拠がないにもかかわらず、国の審査機関が金科玉条のように言っていることに対して、原告である住民が疑問を呈したものである。事実、過去の地震において基準地震動を超えたことが何度もある。だから、基準地震動に本当に科学的根拠があるのかを、まず裁判所が判断しなければならない。実際には、過去の地震強度の不確定性があって科学論争の的であり、基準地震動に関して国の専門家の言うことを無条件に受け入れる理由はないのである（第9章を参照のこと）。裁判官としては、まずその問題をどう考えるかを述べ、不確実な方式で基準地震動の大きさを決めている電力会社の方法は絶対ではない、と判断すべきなのである。そして、不確実な基準地震動の研究を進展させるよう専門家に促すのがスジであって、その作業を住民に押し付けているのが不当なのである。国の言うことを丸呑みしろ、呑まないなら自分たちで証拠を出せ、とまさに「親方日の丸」でしかない。こんな裁判官は不適格であるのは明らかだろう。

実は、裁判官も絶対的安全性を仮定するわけにはいかないと知っているが、他方で「原発は経済活動に必要」との立場を捨て切れず、原発を否定したくないと思っているのであろう。そのジレンマを回避するための裁判官の議論の立て方は、

① 国の審査機関が出した結論の問題点を自分では見抜けない（不勉強のため、科学オンチのため、科学の限界のため）から、「危険」があると主張するなら、それを言う人間がその危険性を具体的に証明しろと原告に押し付ける、
② 危険性と利益の大きさを比較校量する「相対的安全性」の立場に立たざるを得ないから、実際に事故が起こるまでは「安全」だと言い続け、もし事故が起これば沈黙して知らんふりするか、「想定外」で予見不可能性にすがるか、のいずれかを採用する、
③ よく使う逃げ口上は、「危険性は社会通念上無視し得る程度で管理されている」との言い方で、「社会通念」に危険性の判断を押し付ける。しかし、

「社会通念」については誰も何も定義しないから、何とでも言える便利な言葉である。福島原発事故後、原子力の専門家が「想定外」「新知見」と言っているのと同じ逃げ口上と言える、

であろうか。

東電の当時の社長など3人の経営者責任を追及した刑事裁判が高裁で行われているが、その第1審の東京地裁では無罪判決が出された（永淵健一裁判長）。その判決文では、「社会通念や法律や国の指針や審査基準は、原発は極めて高度な安全性までは求めていない。合理的に予想される自然災害を想定すればよい」とし、「全体的安全性の確保までは前提としていなかったと見做さざるを得ない」とまで述べている。そこでは、社会通念においても、国の指針においても、原発について高度な安全性まで認めていないとの乱暴な判決で、危険性を堂々と容認しているのだ。ここまで居直れば裁判（司法）そのものが無意味となってしまう。裁判によって、社会がより安全になるための何らかの指針や新たな観点を打ち出すことが求められているのに、その意欲がまったく感じられず、裁判官が自己の職務を放棄しているとしか言いようがないからだ。司法は社会の動きを俯瞰的に見て、人間が幸福に生きていく上で、せめて法が邪魔をしていないかどうかを点検する役割を果たさねばならない。「社会通念」に帰するのは、矛盾がある社会をそのまま受け入れよ、と言っているのに等しいのである。

2022年6月の福島事故国家賠償訴訟判決においては、津波の「予見可能性」の不十分であることに加え、津波対策の防潮堤を作っても、それを上回る津波が来ることまで予想できなかったとの「結果回避可能性」論を持ち出して、国の責任を認めなかった。この判決となると、いかに国を免罪するかに終始していると言える。

私が望むのは、裁判官は「予防措置原則」*のような考え方に立つことである。「予防措置原則」とは、「ある技術的成果に危険性が指摘される場合、その

* 予防措置原則と言うより、「安全性最優先原則」と言った方が直截的でわかりやすい。経済的利得などと比較校量するのではなく、いかなる条件下であっても安全性を第一にすべきという原則である。

危険性が具体的に証明されなくても、安全のための措置が実行されるまでは、予防のためその技術の実行を行わないでおく」という原則で、遺伝子組み換え生物の利用について2003年に発効した「カルタヘナ議定書」がその最初であった。住民が原発の安全性に関して疑問を呈した裁判において、この原則を適用していったん原発の稼働を止めるとの発想は、裁判官が市民の立場に立って採るべきではないのか。

ただひたすら原発を動かしたい者の立場を忖度し、あるいは原発を止めることへの企業の反発に思い及んで相対的安全性で満足し、市民の安全を優先しない裁判官なんて何だろうと思ってしまう。原発のみならず、さまざまな科学技術の成果に取り囲まれている現在、安全性を前面に立てた社会を形作っていくという意識は、現代人には不可欠ではないか。とりわけ裁判官は、社会の動向に大きく影響する判断を下すことが多いのだから、「予防措置原則」のような、絶対的安全性に一歩でも近づく新しい知見をもっと勉強してほしいものである。

とはいえ、少しずつではあるが、司法の世界も自立的な裁判官が出てきているから、適格性ある裁判官が今後増えていくことを期待しよう。

第９章　原子力技術の不確実性

まず、福島事故の一連の過程において、現在未解明であるとされている問題を列挙してみる。すでに解決済みと主張する立場もあるが、まだ最終決着が得られていないとされている課題である。また、老朽化した原子炉の診断については決定的な方法はないから、事故が起こってからようやく検討することになるのであろうか。さらに、過酷事故を起こした事故炉をどう最終処分するかについても、実は方針は明らかでない。おそらく100年先まで持ち越される難題になるのではないか。これらには、現時点では答えが出せないトランスサイエンス問題が含まれていることに気づく。そして、原発の立地場所の「基準地震動」、活断層の有無、地下水の有無と液状化問題など、その多くは地球科学に由来した難問であることを述べておきたい。

９－１　事故プロセスの未解明問題

福島第一原発の過酷事故の経過は、「一応」以下のようになっている。おさらいしておこう。

① 稼働中であった1～3号機は、地震発生直後に核反応制御棒は自動的にすべて挿入されて核分裂反応は停止した。

② 地震発生の36分後に津波が襲来し、第一原発は全交流電源喪失状態（SBO）に陥った。SBOのため緊急炉心冷却系（ECCS）が動かず、崩壊熱によって1、2、3号機の原子炉内温度が上昇して水は蒸発し、高温の水蒸気になって炉内圧力がどんどん上昇した。

③ 炉内の温度が上昇し続けるうちに剥き出しになった核燃料が溶融し、やがて核燃料と炉内の構造物とが一体となって圧力容器の底に落下（メルトダウン）した。続いて、その底をも溶かしてペデスタル（圧力容器を支える

土台）内に落下（メルトスルー）し、格納容器の底に溜まった。そのため格納容器も損傷して、放射者性物質が原子炉外に剝き出しになった。
④ 核燃料体などの溶融物は圧力容器から格納容器内に流れ込むとともに、高温になった核反応生成物が蒸発して一部ガス状になり、格納容器の圧力を高めたためベント（排気）を行った。その結果、多量の放射性物質が周囲にまき散らされた。
⑤ この間、燃料棒の被覆管のジルコニウム合金が高温の水と反応して水素ガスを大量に発生した。水素ガスは破損した圧力容器から抜け出し、高圧になった格納容器からも漏れ出て原子炉建屋内に溜まった。
⑥ やがて、1号機と3号機で水素爆発が起こり、3号機から配管を通じて定期点検中であった4号機に水素ガスが流れ込んだ後に爆発し、それぞれ建屋を破壊した。2号機はたまたま建屋の最上階のパネルが開いていたため水素ガスが抜け、爆発しなかったと思われる。

以上がごく大まかな事故の経過で、結果として原子炉建屋から放射性物質が大量に放出され、風に乗って海と陸に広く拡散した。1、2、3号機のデブリと呼ばれる溶融した炉心は全体合計で880トンにもなる。人が近づけないほど放射線が強く、数十年は取り出すことは不可能とされている。

一般に、核反応を起こすウラン燃料体は、

① 円柱状のペレット（錠剤状）に固め、
② 全長が4mほどの被覆管に入れて密封し、10気圧のヘリウムガスを詰めて気密にした燃料棒として50〜150体を束ねて組み上げる。それを150〜400体の燃料集合体として炉心部に装荷する、
③ 核燃料集合体がある炉心は圧力容器に包まれており、
④ それ全体を格納容器が取り囲み、
⑤ これら原子炉全体を建屋で覆っている、

というわけで、全部で5重の壁でウランは閉じ込められている（第14図）。だから核燃料は決して露出することはないと原子力の専門家は豪語していた。それ

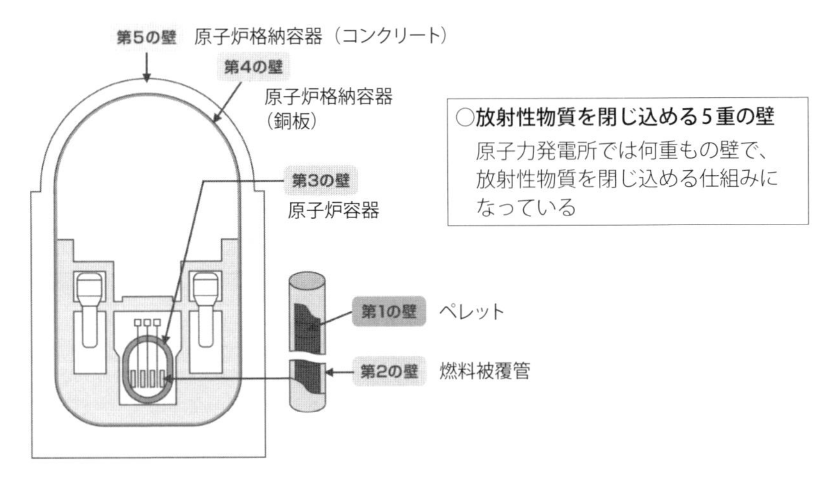

第14図　核燃料の５重の壁

出典：九州電力「原子力発電所の安全対策」（https://www.kyuden.co.jp/notice_sendai3_safety.html）より作成

どころか、格納容器は永久に壊れないとすら言っていたのだが、福島事故で脆くもすべて破壊され、それらが根拠のない専門家の「信仰」でしかなかったことが明らかになった。

以上の一連の過程は事故の時間的推移の「一応」の推測であって、実際に原子炉内部を詳細に実地検査してみなければ、確かにこうであったとは断定できない。これは、こうであったはず、たぶんこうであったに違いない、こうであってほしい、これ以外は考えられない、というふうな希望的観測が混じっている「公式推定」なのである。また、計算によって求めた定量的な結果だから正しいと主張する人もいるが、確率論的な予測が含まれており、（自分が勝手に設定した条件下の）シミュレーション結果であって、前提＝結果の恣意的な計算をしている可能性もある。やはり、未解明とされる問題点を一つ一つ整理して、それぞれどのような証拠が出てくれば解明できたことになるのかを見極める必要がある。そこで、これまで未解明とされている問題点を列挙しておこう。

(1) １号機IC（非常用復水器）は地震で破損したのか、しなかったのか？
(2) SBO（全交流電源喪失）は、本当に津波によるのか？

(3) 1号機水素爆発は建屋5階のみか（東電の主張）、4階でも起こったのではないか？
(4) 1号機建屋4階の出水事象の原因は何か？（東電は知らなかったと言うが……）
(5) 1号機SR（圧力逃し安全）弁は本当に作動したのか？　地震で壊れて作動しなかったのではないか？
(6) 1号機圧力容器の主フランジ（容器の端のつば状の継ぎ手部分）から高温高圧ガスの噴出が起こったのではないか？
(7) 2号機格納容器は地震で破損しなかったか？
(8) 格納容器ベントがスムースに行われなかったのはなぜか？
(9) ベントラインの不通（1、2号機配管が途中で止まっている）はなぜ起こったのか？
(10) 格納容器ベント配管と非常用ガス処理系の問題で、ベント時にバルブが開いた際、水素の逆流が生じた疑いがあるが事実か？
(11) シールドプラグ上の汚染は何を物語るか？
(12) 圧力容器からの高温高圧ガスの漏洩から、圧力容器の破損、そして格納容器の直接加熱と破損の疑いがあるが事実か？
(13) 地震による1、3号機の格納容器の水位低下は事実か？

などである。

重大問題は、やはり原発にとって致命的な全電源喪失を引き起こした主原因が、地震なのか、津波なのか、である。今は、東電が主張する津波説が公式見解のようになっているが、はたしてそうなのだろうか。プラントデータ及び東電が行った格納容器内圧力の解析結果からは、地震によってSBOに至った損傷を示すデータは確認されていないが、解析結果には不確かさがあることを忘れてはならない。また解析結果は格納容器外の損傷を否定する根拠とならないし、格納容器が健全であるからといって格納容器内の配管の損傷を否定する根拠にもならない。配管に微小な損傷が発生し、全電源喪失後にそれらが拡大した可能性を否定できないからだ。そもそも、東電の地震応答解析の計算は配管支持装置などすべてが正常との前提でなされており、その結果は信用できない。つまり、評価価値基準を満たしているからといって地震動の影響がなかったと即断することはできないのである。

注目されるのは、上記(3)(4)の問題に関わっている1号機建屋で起こった水素爆発に関わることで、

(a) 1号機原子炉建屋4階内部の現地調査では、放射線量が高く瓦礫が散乱していて停電しているため、配管損傷の有無を目視で確認することは困難（と東電が述べて現場検証ができなかったのだが、実際には通電していて検証できたという）、
(b) 1号機原子炉建屋4階内部の放射線量が非常に高い場所があり、東電が主張するように高い放射性物質を含むガスの漏洩がなかったと判断することはできない、
(c) 5階からの爆風のみで4階内部が大きく損傷したことは考えにくい。5階の床のハッチ昇降口の蓋が所在不明であり、5階には熱源も電気もないことを考えると、爆発起点は5階より4階の可能性が高い。東電が行った水素爆発解析は、全体的な状況の推定のためとされるが、解析結果の妥当性や結果と実際の状況との整合性の判断は困難で、解析結果による水素漏洩経路や爆発起点の特定には限界がある、
(d) 1号機原子炉建屋4階における出水事象について、東電が出水箇所としている溢水防止チャンバは水素爆発で損傷した可能性があり、その変形だけで出水箇所とは断定できない。断定するためには、溢水防止チャンバが地震動で損傷することを実験で実証する必要がある。溢水防止チャンバ以外にICの戻り配管内の溜まり水が出水した可能性がある、

というような疑問点が提出されている。建屋4階の破壊が特に凄まじく、異常に放射線量が多く、出水事象があったと推測され、ここで（も）水素爆発が起こったのではないかと推定されている。しかし、東電は5階爆発説に固執し、柏崎刈羽原発でも5階に水素検知器などを集中させている。この水素爆発の場所の問題は、単なる福島事故の未解明問題にとどまらず、柏崎刈羽原発の設計にも大きな影響を与える問題だから、よほど慎重に対応しなければならない。

9－2　老朽化した原発の診断

物が壊れるという現象（「破壊」）の解析は、非常に難しい。例えば、目の前にある鉛筆に左右から同じ方向に曲げるように力を入れていくと、いずれ折れることはわかっている。しかし、どの場所が、いつ、どのように折れるかわからない。微細に見ればどこかに弱い部分があるのだろうが、それがどこなのか、通常では判定できないからだ。この破壊現象は、いわゆる複雑系に属する問題で、現在では科学によって明確な答えが出せない「トランスサイエンス問題」と呼ばれる。地下の岩石にさまざまな外力がかかった挙げ句、突然岩石が破壊されて引き起こされる地震が予知できないのも同じである。

ここで問題とするのは、老朽化した原発が壊れずにいつまで使えるか、あるいは壊れることを前もって予想して、いつ使うのをやめるか、である。福島原発の事故後の「新基準」で、原発の使用は原則40年とし、例外的に特別検査をして合格なら20年延長して60年とすることを可とした。日本では1980年代から原発の建設が盛んになったこともあり、多くの原発に40年の使用期限が近づいている。ところが見たところ健全そうである。そこで60年に延長するのを（例外的ではなく）当然とし、さらに定期点検などで休止した期間を「ロスタイム」として延長期間に加算することで60年を超えても使えるように法律（「電気事業法」）を変えた。これに対し、規制委員会は10年ごとに検査を行うとして、この法律に文句もつけずにそのまま承認してしまった。クルマの車検と同じ感覚なのかもしれない。さて、老朽原発を簡単な検査のみで使い続けて大丈夫なのだろうか。

原発で深刻なのは、絶えず高温・高圧の水または水蒸気に接触しているため、金属配管の減肉や原子炉内構造物が経年劣化する事象（「応力腐食割れ」と呼ばれる）が頻々と起こっていることだ。そのために、高耐蝕性材料に入れ替え、PWR型（加圧水型：加熱された一次冷却水に圧力をかけて蒸発させず、蒸気発生器で二次冷却水を高温の蒸気としてタービンを回すタイプ）では蒸気発生器全体を取り換えるような大工事を行っているが、やはり引き続き同じような劣化現象が発生し続けている。

また、圧力容器の鋼材が中性子照射を受けて脆くなる（脆化する）現象も生じている。金属鋼材はある一定の温度以下になると、変形に対する粘り強さを失って脆くなるという性質があり、その境界の温度が「脆性遷移温度」である。中性子の照射を受けた鉄鋼材料は、脆性遷移温度が上昇していくから、脆くなる温度領域が広がっていくのでだんだんと危険度が増していくのだ。その温度の評価のため、通常鉄鋼材料の監視試験片を入れて破壊靭性（破壊力への粘り強さ）を測定しているのだが、その脆性遷移曲線の求め方について問題点が指摘されており、圧力容器の健全性についてはまだ研究途中で、最終決着がついていないのが実情なのである。

要するに現状では、実際に構造物に応力腐食割れが生じるたびに対症療法で手当てしているだけで、じりじりと鋼材の脆性遷移温度が上昇している状況をただ傍観しているに過ぎない。いずれ老朽化した原発の金属破壊につながる危険性があるのだが、破壊靭性のメカニズムがわからないから、手をこまねいているしかないのが実情のようである。

一般に破壊に対する強靭性／危険性は不明だから、クルマにしろ、鉄道にしろ、飛行機にしろ、ある耐用年限を課し、その時期がくれば引退させている。まだ使えそうだが用心してそれ以上使用をしないようにしているのだ。むろん、デザインが古くなった、新しい技術が使えるようになった、強靭な新部品を使っていない、というような理由で使用しなくなったものが多いが、それはその製品の寿命を考えて早め早めに手を打っているからである。原発の場合、動かしている限りは大きな儲けが保証されることから、引退を遅くするインセンティブが強く働き、遅め遅めの引退になってしまう可能性が高い。

「経済性より安全性」を優先する企業精神を欠いている現状だから、いずれ原発の老朽化による破壊によって大事故を招いてしまうのではないか、そのことを強く懸念している。

9−3　事故炉の後始末

福島で事故を起こした原発では、崩れ落ちた燃料集合体とともに圧力容器の構造体やコンクリート材なども合体して全体が溶け、融合し大きな塊になっている。それが「デブリ」で、放射線が強く、また核反応生成物からの崩壊熱の放出のために高温で、冷却を続けねばならない。デブリに触れた水が放射性物質を含んで外部に漏れ出し、それが雨水や地下水と混じって排出され続けているのが汚染水である。1、2、3号機全体のデブリの総量は880トンにもなると見積もられているが、はたしてそれをどうするかが問題である。政府や東電は取り出すことを前提とした「長中期ロードマップ」を公表しているが、これは願望に基づく技術的根拠のない筋書きでしかないことは明らかである。というのは、デブリを取り出そうとするなら、それがどんな形状で、どこに、どれだけ存在し、どのような状態にあるか、をまず知る必要がある。

しかし、放射線が強いので人が近づけず、ロボットを遠隔操作して情報を得るしかない。そのロボットも強い放射線ですぐに破損して使いものにならなくなる。現在、そんなことを繰り返している状態である。それにもかかわらず、「廃炉中長期実行プラン」では2021年より2031年までの計画として、

① 2号機のデブリの試験的取り出し、
② 段階的な取り出し規模の拡大、
③ 取り出し規模のさらなる拡大と1、3号機にも手を付ける、

という計画を打ち出している。実に「野心的」な工程で、総額1兆3700億円もの支出を予定しているのだが、はたして実行可能だと信じられるだろうか。デブリの所在と状態、どこから、どのように手を付けて回収するかなど、見込みすら立っていないからだ。

実際、ロボットによってほんの数グラムをデブリから削り取った（耳かきで「こそいだ」程度）だけなのに、デブリの「取り出し」と大げさに言ってカモフラージュしている有様である。これは福島事故を軽く見せかけるための言葉のトリックで、現実的でないことは明らかである。それにもかかわらず、政府は一貫して「冷温停止から30〜40年後に事故炉の廃止措置完了」の予定を変えていない。まさにスケジュールありきで、非現実的なロードマップを描いているのだ。実は、そのことはわかっているのだが、既定の方針だからとして無意味な作業を続ける、多くの公共事業が続くのと同じ構造である。

スリーマイル島原発事故では、1979年に冷却材喪失事故が起こって炉心溶融を引き起こしたのだが、給水が回復して外部に放射性物質をまき散らすことにはならなかった。このように福島事故より軽微な事故であったのだが、事故を起こした原子炉の解体終了は2053年としており、事故から74年もかけた廃炉作業となっている。事故原子炉の後始末には実に慎重を要するのである。また、1986年に起こったウクライナ（当時はソ連）のチェルノブイリ原発では、原子炉が暴走して核爆発が起こり、さらに水素爆発も起こして建屋が完全に吹っ飛んでしまった。剥き出しになったデブリは放射線が強烈であるため人が近づけず、結局「石棺」と呼ばれる、破壊された原発全体を構造物で覆って放射性物質の飛散を抑えることにした。もっとも、この石棺は応急措置で建設されたため、放射線の遮断が不十分であり、雨水が流れ込んで腐食して脆くなっていた。そのため、石棺をさらに上から覆う「新安全閉じ込め構造物」と呼ぶ可動式の構造物が建設された。デブリ取り出しは、はじめから諦めているのである。

福島事故では3基の原発が同時に炉心溶融事故を起こしたという意味で世界に例がなく、安易にデブリの取り出しを急いでも、環境への放射性物質の放出を増やし、従事する労働者の被ばくが増え、莫大な費用を要するだけである。このことを考えて、

① 3基の原子炉全体を覆う外構シールドを建設し、
② 原子炉内部は外気より低い気圧として放射性物質の拡散を抑え、
③ 最初の100年は水冷、その後は空冷にして温度が下がるのを待つ、

という方式が提案されている。このような管理方式を含めて、今後どのように対処していくべきか、衆知を集め時間をかけてじっくり検討すべきである。3基の事故炉の後始末は世界最初の作業であり、拙速であってはかえって問題を残すことになるからだ。

9－4　地球科学に関連した難問

(a) 基準地震動

原子力施設を設計する際、どのような地震の揺れまで耐えることができるか、を最初に設定しなければならない。それが「基準地震動」で、原子力規制委員会の規則では、「耐震重要施設は、基準地震動による地震力に対して、安全機能が損なわれるおそれがないものでなければならない」と書かれている（「損なわれないもの」ではなく、「損なわれるおそれがないもの」とあることに注意！）。だから、基準地震動は機器が壊れない最大規模の地震の強さ（揺れ）を意味し、それは原発が立地した場所の地震履歴とも関係する。そこで、過去の地震の記録を文献等で調べるのだが、通常はよほど大地震でない限り昔の記録はない。そのため近年の記録でどのような規模の地震が発生したかを調べる。その場合、大きな地震はそう頻繁に起こらないから、結果として小規模地震に偏ってしまうことになる。それもない場合は、他の地域で起こった地震をモデルとして持ち込む。そして、地震波がどのように伝わっていくかを地層のデータを考慮して計算し、波動の周期ごとにどのように地面が応答するかを求める（揺れの大きさや速さを、水平方向と垂直方向について計算する）。これを「応答スペクトル」と言うが、地震動の周期（時間）と揺れの大きさ（加速度cm／秒／秒、または揺れの速度cm／秒）をグラフに図示したものである。このときに得られる揺れの大きさの瞬間的最大値（これを「最大加速度」と呼ぶ）が、最も危険な地震ということになる。地震の揺れの加速度の大きさを表す単位がガル（gal）で、1cm／秒／秒が1ガルである。最大加速度が何ガルであるかが、どれくらいの大きさの揺れを想定しているかを知る目安になる。なお、地球上で働いている重力加速度の大きさは9.8m／秒／秒＝980cm／秒／秒だから980ガルである。

建築基準法で定められている一般住宅用の「耐震等級1」とは、「震度が6強～7の地震に対して倒壊せず、震度5程度では損傷しない」となっている。地震の揺れの加速度で表すと、2,300～3,400ガルに相当する。「耐震等級2」となると、耐震等級1の場合の約1.25倍の強度に対応する。病院や学校そして長期優良認定した住宅に適用され、2,800～4,200ガルになる。さらに「耐震等級3」の場合、耐震等級1の場合の約1.5倍の強度で、警察や消防署に求められる仕様である。3,400～5,100ガルに耐えられ、住宅の最高ランクも耐震等級3となっている。以上のように、建築基準法では数百年に1回とされる震度6強～7に対して住宅が破壊されない、という厳しい条件を付けていることがわかる。

一般の建築物は、地表にごく近い「表層地盤」と呼ばれる堆積した地質物の上に建てられるが、原発は表層地盤の下にある固い岩盤の上に建設されることになっている。一般に、地震波は柔らかい表層地盤を伝わる場合は、揺れが岩盤を伝わるときの2～3倍にも増幅されると考えられている。震度が6強～7とは表層地盤の揺れのことだから、岩盤上にある原発の揺れはその3分の1～2分の1としてよい。というわけで、原発に対する揺れの加速度は、一般建築物に比べると大幅に下回った数値が作用されている。関西電力の美浜原発で993ガル、高浜原発では700ガル、四国電力の伊方原発で650ガル、九州電力の川内原発や玄海原発で620ガル、東電の柏崎刈羽原発（6、7号機）では最大1,209ガルと見積もっている。ほとんどが通常の重力加速度以下でしかない。しかし、地下の岩盤の表面を「解放基盤表面」と言うが、中越沖地震の際にそこの振動を調べたら、意外に大きな揺れとなることがわかってきた。そして、岩盤を覆う表層地盤を理論的に「剝ぎ取って」調べたら、もっと揺れが大きいことがわかった。ところが、これらの結果は考慮されていないのが現状である。

現実に、東日本大震災の際、女川原発において基準地震動を超える加速度が観測されており、機器類が壊れなかったのだからよしとして、そのまま同じ最大加速度のガル値を掲げている。「基準地震動」とは、「想定されうる最大の地震動」、あるいは「建築物の耐震性を評価するための最低基準」として定義されているはずである。だから、原発の設計において、これ以上の地震動があれば危険であることを明示する基準値と言わねばならない。ところが、実際に生じた地震動が「基準地震動」を上回ったのだから「基準」の意味がなく、何のために定めたのかわからない。より厳しい基準を設定して、原発の設備の耐震性能がそれを満たすかどうかを検証しなければならない。基準値を超えても危険ではなかったのだから、現在の基準でいいということにはならないはずである。基準地震動と原発施設の性能評価を一体化させ、厳密に基準地震動を原発の耐震基準と一致させねばならない。そうでなければ本来の「基準」地震動と言えないはずである。

地震にはさまざまなタイプがあり、揺れ方（速さ、振幅、方向、それらの時間変化）や揺れが継続する時間とその短時間の変化、それに続く余震の強度や頻度、地震が起こった地形や地質や過去の履歴など、実に多様な顔があって一律には論じられない。そのため、基準地震動は原発ごとに決めているのだが、上に述べたような厳密性に欠けていてはせっかく決めた基準地震動の意味を成さない。つまり、一般的に論じられる側面と各立地場所の特殊性を合わせて、総合的に地震に対する耐震性を再検討しなければならないのである。

実情は、耐震性の性能評価は個々の原発立地の場所ごとに異なっていて実に多様だから、規制委員会はそこまで詳しく吟味できず、結局のところ一般的な審査で終始してしまっているのではないか。なすべき客観的性能評価には、地域性や時間的特性をきちんと取り入れ、原発施設の実際の設計性能の有効性をチェックしなければならない。さらに、原発が立地する岩盤（「解放基盤表面」）上での強さに加え、活断層の有無や地下水の流出入状態も大いに関係してくる。当然ながら、原発建設に採用された建造形式、設計思想、用いられた資材、施工業者の能力なども、性能評価に影響を与える。原発建設には、建築物の一般性と施工の地域性が色濃く反映するのである。さらに、何十年も前の地震動の知識で施工されているという問題もある。そのような複雑な関係性の中で、「基準地震動」がどういう意味を持っているかを、しっかり吟味しなければならない。

（b）活断層

基準地震動の策定において、原発立地場所と活断層との関連が大いに関係してくる。以前に生じた地震によって地層が破壊されて「ズレ」（食い違い）が生じたものが「断層」で、数十万年前に生じたが今もなお繰り返し活動し、今後も活動すると推定されるものを「活断層」と言う。地震によって一度断層が生じると、それに沿う地盤は弱くなり、再び力が加わると断層が生じている場所が動きやすいので地震の通路になる。活断層は、いわば地震の伝搬路であり、地面の大きな揺動が生じやすい場所なのである。したがって、原発の敷地に活断層があれば地震によって施設に大きな被害が生じる可能性があるので、活断層の有無が厳密に調査される。「ズレ」とは断層の両側が互いに反対方向に動くモードだから捻じる動きになり、上部の建物には引き裂くような力が働く。だから、原子炉建屋が活断層の真上に設置されていたら大変なことになる。そのため、原発周辺部の活断層の有無は原子力規制委員会でも特別にチェックすることになっている。

ところが、そもそも最も困難なのが断層の認定である。断層面は地面が変位を起こして地形の不連続が生じている場所と言ってしまえば簡単だが、基準面を設定して地形が変位を起こしたかどうかを正確に判定しなければならない。しかし、土地は周囲からの応力を受け続けているから変形し、風雨に浸食され、何層もの堆積物が重なっているから、基準面が定めにくい。そこで基準面を仮設定し、そこから変位している断層面らしきものが連なっているかどうかを判定することになる。現在でも、地表付近を精密に探査して、断層面が地表に達している「地表断層」を第一の手がかりにしているという。断層面の上端が地表から数十ｍ以下の深さまでなら追跡できるからだ。これを「伏在断層」と呼び、トレンチ（帯状の溝）を掘って断層がどこまで続いているかを確かめることになる。最近では変形地形学の研究が進んで地下の断層調査が格段に進んだが、研究者によって結果の解釈が異なり、統一した地下断層の定義が定まっていないらしい。そのため、地表に証拠を残しているものしか確実な断層と認めない、という傾向が強い。それが、断層の有無や長さについて、電力会社の主張（一般に断層の存在を否定する傾向）と研究者の主張（断層の存在を肯定する傾向）が対立する原因となっている。

さらに難問であるのが、「活断層」であるかどうか、である。断層地形だと確認されても、その形成が過去10万～30万年以内であって、まだ活動を繰り返すのか、の判定だ。活断層は長期にわたって継続的（あるいは周期的）に動き続けるわけではなく、ある一定の期間だけ動いて他の期間は止まっているものが多い。内陸の断層では数百年という短い周期から数十万年という長い周期まで活動するものがある。現在では「活断層」の定義は断層地形が30万年以内のものとされているが、かつては10万年以内とされていた。古い断層に新たな活動が発見されて、活断層と定義する期間を長くしたのである。

むろん、揺動を繰り返してズレた跡が地形や地層に残されている場合は、明確な活断層だと判断しやすい。特に、形成された地形や地層のズレの時間的な系列として認められ、新しい時代のズレに比べて古い時代のズレが大きいことが読み取れる場合、その活断層が何回も揺動を繰り返してきたことを意味する。活動を繰り返した活断層ではズレが溜まって、平野や盆地のような低地と山地・丘陵のような隆起した台地の境界を形成するので判断しやすい。そして、今後も同様に繰り返し地震の通り道になるであろうと予想できるから危険な活断層である。

また、活断層は地層の軟性のために、地表では途切れて見えなくなっていても、地下では斜めに連なっている場合がある。地下であっても活断層であれば地震で強く揺れるから、丁寧な追跡をしなければならない。逆に、地下深い場所で過去に地震が起こっていても、その強度が小さいために地盤のズレが地表にまで及ばない場合がある。活断層が途中で止まっている状態で、そのような地下で地震が起こると活断層を活発化させ、ズレが拡大していく可能性がある。このように、地表面では活断層が存在しないように見えても、地下に活断層が隠れている場合があるので、丹念に調査を重ねるしかない。2024年1月1日に起こった能登半島地震でも、海面下の活断層が連動したとされている。実際に、地震が起こるまで、わからないのである。

以上のように、活断層の判断は一筋縄ではいかず、詳しく地層を調査しなければ結論が出せない。たとえ、入念な調査をしても結論が出せないことが多い。まさにトランスサイエンス問題の典型である。

(c) 地下水と液状化

原発を設置する地盤付近の地下水の量の多少が問題である。多雨で急峻な山岳地域が多い日本では、降った雨は一般に大小の多数の川を通じて急速に海へ流れる。しかし、地下に浸み込んだ雨水は数多くの伏流水となり、地下で一時滞留もしている。したがって、原発立地地盤の地下水の有無や多少も問題にしなければならない。

原発は地震によって大きく揺れない地下の岩盤の上に建設される。岩盤は地下水に浸かっているから、岩盤をどこまで削って建築物を据え付けるかが問題になる。浅過ぎると地表面の軟弱地盤がまだ続いている可能性があるし、深過ぎると地下水脈の影響をもろに受ける。水は非圧縮性流体だから、どこかに強い圧力がかかると、それが水中を伝わって水面の形状を変形させ、思わぬ場所に大きな力がかかるという性質がある。岩盤にかかる水圧は水の流動とともに変化し、岩盤の上の建造物の安定性も変化させる。だから、流動する地下水の量を絶えず測定し、滞留水の圧力で建物にかかる力が不均等にならないよう調節しなければならない。そのため水の量を常に一定に保つ措置を採っているのである。

福島原発の場合、この問題は原発を建設し始めた1960年代から指摘されていた。しかし、海上から資材搬入のために地面を深く削る必要があり、岩盤が帯水層とぶつかってしまうことを無視して工事を強行した。その結果、地下水の調節という難問を抱え込んでしまった。流入する地下水量に合わせて絶えず排水しなければならなくなったのだ。事故が起こるまでは水量を測定しながら機械的に排水しており、あまり問題にはならなかった。

ところが、福島事故炉では炉心溶融を起こして地下水の流入と流出の機械的対応ができなくなった。炉心を冷却する水が壊れた炉心部から流出するから、絶えず外部から炉心に給水しなければならないのだ。また流出する水には、炉心部からの放射性物質や雨水や地下水が混じって汚染水になる。こうして壊れた3基の原子炉から膨大な汚染水が排出されるようになってしまった。ALPS（多核種除去装置）を通した後にタンクに保存していると東電は言い、その海洋放出を強行したのであった。しかし、ALPSを通さない汚染水が垂れ流されて港湾に流れ込んでいる現状はあまり知られていない。政府や東電は「処理水」と言っているが、処理をしていない汚染水も含まれているのである。

一方、柏崎刈羽原発の敷地に関して、地震に伴って液状化する可能性が指摘されている。液状化は、地表付近の地下水位の高い砂地盤において、地震の振動に伴って、地盤が変形し難い固体状から自由に変形する液体状に変化する場合に起こる。そのため上部に載っている重い構造物が埋没して倒壊したり、逆に比重が小さい水道管のような埋蔵物が浮き上がって破壊されたりする。原発

第15図　東日本大震災で液状化現象によりマンホールが地下からせり上がってきた様子（千葉県浦安市）
出典：ペイレスイメージズ1（モデル）/PIXTA（ピクスタ）

は、深くにある硬い岩盤の上に建設されているから液状化の直接的な影響はないとされているが、水道管・排水管・ガス管・地下埋設電気ケーブル管などが不均等に浮上し、あるいは陥没して遮断される危険性がある。また特重施設や付属品・部品の保管庫など、原子炉以外の建築物が液状化の被害を受けることも考えておかねばならない（第15図）。液状化によって原発の付属設備に思いがけない支障が生じ、それによって重大事故へと拡大していく可能性があるからだ。事実、東日本大震災の際、緊急時の制御室と想定されていたJビレッジの部屋の開閉が液状化でできなくなり、使われることなく放棄された。

液状化が起こりやすいのは、砂丘地帯や三角州、埋め立て地や河川跡などであり、原発が立地する場所もこれに該当することが多い。そのため、柏崎刈羽原発では液状化が生じやすいので、考え得るあらゆる状況を想定した訓練をしていると言うが、思いがけない事象が起こるから安心できない。それまでしっかり建物を固定していた地盤であっても、地下水位が上昇して振動が加わると、突然軟弱になって建物を支持していた力を失うことになるからだ。その結果、建物が傾いたり、転倒したり、倒壊したりする。原発本体は厳密な設計がなされていても、周辺施設や付属設備などについて液状化の危険性への十分な配慮がなされていないことが多い。これらには原子力規制委員会の細かなチェックが入らないから、安全対策の盲点になることを忘れてはならない。

9−5　トランスサイエンス問題

これまで何度か言葉として登場した「トランスサイエンス問題」について論

じておこう。通常、「科学の問題ではあるが、科学のみによって答えが得られない問題」を、トランスサイエンス問題と呼ぶ。サイエンス（科学）をトランス（超えた）問題という意味だ。科学のみによって一義的に解決が導けない問題で、それには複雑系が関与する問題や科学に社会的な要素が含まれた問題がある。

原発という技術システムは、巨大で複雑で多くのテクノロジー分野を網羅していて、それら全体を把握できる専門家はいないだろう。さらに、いったん事故を起こせば環境汚染や避難対策や事故炉の後始末などについて、工学的な問題以外の研究者の知識・経験・叡智を必要とする。実際、アメリカの原子力規制委員会（NRC）では原発の安全審査に必要な専門家として、原子力工学や原子物理学の専門家以外に、情報技術・人間工学・保健物理・材料科学・土木工学・地質学・地震学等の専門家を常任スタッフとして雇用している。さらにそのような特定の科学分野以外の問題について、大所高所から検討を加え、理想と現実の適切なバランスを考慮して取捨選択できる能力が求められているとして、文系・社会系の研究者をも含め幅広い人材を揃えている（NRCに属する職員は約3000人である）。さて、日本の原子力規制委員会（規制庁の職員は約1100人）でそのような人員配置を確保しているのだろうか？

新潟県の福島事故検証の技術委員会の報告において、いくつかの問題について「両論併記」となっていることを述べた。例えば、先の未解明問題の①の「最初の引き金を引いたのが地震か津波か」である。現在のデータでは、相対立する意見のどちらが正しいか科学的に決着がつけられず、2つの意見を併記する他なかった。原子炉を開けて見ることができないため、直接証拠となる決定的なデータが得られないケースである。これらは「初歩的な」トランスサイエンス問題と言える。事故を起こした原子炉を、現時点では詳細に観察できないために現時点では解決できない問題だが、現場査察ができるようになれば、原理的に結論を出すことが可能になるという意味で「初歩的」と言ったのである。

一方、例えば、先に論じた「実際に活断層が存在するかどうか」となると、現象が本来的に複雑であるため、誰もが合意できる科学的な答えが出せない。10万年以上前の地層の状態を見て、一目で活断層かどうかわかるというような単純なものでないためだ。また、「基準地震動をどの大きさとするか」についても明確な答えは出されていない。いくつかの経験式の適用条件や過去の地震動の大きさの見積もりの限界など、専門家の間で合意が得られていないからだ。そのため、原発の安全性に不安を持つ住民は基準地震動を大きく取った耐震設計であることを主張し、電力会社側は小さく抑えて耐震工事が過大にならないようにしたい。地震学が拠って立つ重要な学知なのだが、地球のような複雑系においては、現代科学では不確定なことしか言えないのだ。地震のような岩石の破壊現象も予測できない。これらは「本質的な」トランスサイエンス問題である。

このような現在の科学の学知では限界がある問題については、私は、先に述べた「予防措置原則（安全性最優先原則）」の考え方に立って打つべき手立てを明確にし、それに応じた対応をすべきと考えている。つまり、ある技術レベルで安全（シロ）か、危険（クロ）か、の決着がつかない場合は、まずクロ（危険）と見做して危険性を解消するための必要な（予防的）対策を施す。それが無理なら、そこでいったん計画を中止して（技術の行使を止めて）、安全が確信できるまでは進めないという考え方で、安全性確保のため万全を期すことを第一原理とすべきという立場である。現代のような科学技術社会において、科学技術が原因となった事故・事件が勃発しないために打ち出された智恵であり、もっと幅広くその適用を考えるべきであろう。

この原則を原発に適用するとすれば、例えば活断層の存在が指摘される場合、それが現実の危険を生じる（明確な活断層）という科学的証明はなくとも、危険の可能性があるとして、予防のために原発を立地しない（すでに建設されているのなら、とりあえず運転しない）という考え方である。私は、住民の安全を守るはずの裁判所が、なぜこの「予防措置原則」に立って、危険を回避する立場に立たないのか、不思議に思う。

というのは、裁判官が原告に求める「原発に現実の危険を生じる科学的証明」は、実際に事故が起こるまでは誰にもできないからだ。もしそれができるなら、原発の存在は直ちに否定されてしまうことになる。だから、設置者である電力会社が「現実の危険を生じる科学的証明」を行うはずはないし、裁判官が命じるように住民に「運転差し止めを求めるための科学的証明」を要求するのもスジ違いである。そこで、電力会社が「原発の危険性の疑いを完璧に解消できた」という証拠を示すことができないなら、「安全性最優先原則」に従って運転を止めるしかないのではないか。

トランスサイエンス問題は、このような技術の行使に関する科学的論争において生じるとともに、科学技術の社会的利用に関しても提起される。例えば、海の魚は現在早い者勝ちで獲り放題であり、このまま推移すれば、50年先には海には魚が一匹もいなくなると予想されている。それを回避するためには、持続可能な魚の漁獲量の上限を決めて、各国がそれを守るしかない。その漁獲量の上限は科学によって決めることができる。問題は、世界各国が協定を結び、互いの漁獲量を監視し、違反した場合には罰則を与えるなど社会的な措置の必要性である。これは科学の問題ではなく政治・経済・外交の課題で、容易に合意できない。このような課題は数多くあり、まさにトランスサイエンス（科学を超えた）問題で、哲学・倫理・歴史・教育なども含め衆知を集めた論議が必要だろう。

原発問題もそれと同様で、エネルギー源として社会で広く採用されている技術であるが故に、政治や経済や社会に関連する問題点が多く生じる。さらに現代社会の矛盾（構造的暴力）、必然的な被ばく労働（非倫理的技術）、世代を超えた責任論（10万年の放射性廃棄物管理）、など幅広い視点で、社会の正義論の視点から考えねばならない。ドイツでは、それらの議論を政治家に任せてしまうのではなく、科学者・哲学者・報道人・教育家・弁護士など多様な人間を特別招集して「未来のエネルギー問題についての倫理委員会」を組織した。その議論の結果、原発を全廃することを決め、当初の計画より遅れたが、2023年4月15日をもってすべての原発を閉鎖した。これがトランスサイエンス問題としての原発への一つの対処方法ではないだろうか。

一方、デンマークでは、多くの分野の人々が参集したコンセンサス会議で原発の未来について議論が行われている。これらを参考にして日本でも、討論し意見を交換する場を設けてはいかがだろう。そのテーマとして、例えば裁判で提起された原発の問題で、先に述べた、「現実の危険性の証明を住民側がすべきなのか？」は、どうだろうか。それを肯定する人も否定する人も出て、面白い論争になるのではないかと思う。現実に生じている裁判論争として、「避難計画の実効性がないだけで原発の差し止めができるか？」という問題がある。水戸地裁は東海第二原発の訴訟で「差し止めができる」との判決を下したが、伊方原発訴訟で広島高裁は「差し止めできないから運転容認」と判決した。裁判官も一つの意見にまとまっているわけではない。「広く公論に決すべき」問題なのだろう。

別の裁判では、「原発は人々の人格権を具体的に侵害する恐れ」があるという判断で運転差し止め判決（福井地裁）が出された。その判決は「事故発生の具体的危険性を指摘したものではない」として、直ちに大阪高裁で覆された。人格権の問題となれば、もはや科学で扱える問題ではなく、哲学や倫理のテーマとして議論することになる。それを裁判に任せて、私たちは考えなくてよいのだろうか。私たちの意見が裁判に影響することもあるし、何よりこのような重要な現代的課題にそっぽを向いていていいことではない。トランスサイエンス問題は、私たちの身近な、さまざまな問題を通じて私たちの生き様を問いかけているのである。

第10章　原発被害の実相と背景

本章では、原発事故によってもたらされた被害について考える。放射線被ばくが被害の最大のものであるが、故郷の喪失、生業の放棄、家族の離散、健康不安など、原発事故によって被害を受けた人間を総体として捉え、被害そのものを多面的に捉えねばならないことをまず述べる。そして、放射線被ばくによる健康被害を広く見渡し、問題となっている甲状腺がんの多発について検討する。さらに、震災関連死が福島県に特に多いことを考えると、「原発災害関連死」と呼ばねばならないことを強調したい。そのあとで、原発被害を考える上で、科学者（いわゆる専門家と呼ばれる人々）がどのように関与してきたかをまとめる。私が科学者であるが故に、科学者（専門家）がむしろ被害を拡大する役割を担っていることを指摘しておきたいのだ。

10−1　原発事故の多面性・複合性

(a) 原発事故の多面的な特徴

原発事故で引き起こされる直接的な被害は放射線被ばくであり、地域の放射能汚染が生じている場合には、とりあえず居住地から避難しなければならない。そこまでは地震や津波や火山爆発などの天災の場合とそう大きくは変わらない。問題はそれ以降である。天災の場合は事態の鎮静化が進めば徐々に旧の状態に復することが可能である。しかし、原発災害は放射線という目に見えない災厄が持続するため、旧の状態に復することが困難である。地元の放射能汚染が高ければ戻ることができず、何年先に戻れるかも計算できない。たとえ戻れるとなっても、まだ残る放射能汚染を恐れて戻らない、生活基盤がなくなってもはや戻れない、避難先で新たな生活を営んでいる、などとさまざまな未来が待ち受けている。人々は原発事故前には考えもしなかったまったく異なった生活をせざるを得ず、それに付随するさまざまな支障や困難や障害がもたらされることになる。さらに、それから生じた新たな災難（二次災害）によって、取り返しのつかない人生の破局につながってしまう場合もある。原発災害は一過性ではなく長年にわたって継続するもので、その間に多様で複雑な問題が生起し、簡単に解決できなくなるからだ。放射能汚染という、時間スケールが長く、目に見える障害や危険を直ちにもたらさない災厄であるが故に、被害が多面的になり、複合化し、問題の解決をますます困難にしていく。人々は、各々異なった運命を歩まねばならないのである。

さらに、原発事故は突然襲われるという意味では天災に似てはいるが、原発という人間が操作する技術の失敗がもたらしたもの、つまりその原因が人間に由来するが故に、その被害を複雑なものとしている側面もある。原発事故の直接責任は事業者である電力会社にある。そのことははっきりしているのだが、①元来は天災に起因するとして事故の予見性が争われ、②巨大なシステムであるが故に技術の直接の瑕疵が不明であり、③そもそも原発を推進した国家の直接責任が問われない。つまり、原発事故の被害者は明確であるのに、加害者の法的責任がはっきり同定できず、それ故にたとえ賠償しても罪に問われることがない。誰も責任をとらず、誰も刑法で罪を問われることがないのだ。このような状況を前にすると、心身ともに膨大な損失を被った被害者は癒されることがない。

この点に原発事故の特殊性がある。むろん、鉄道や船舶や航空機の事故において、事故原因が調査されて技術上の問題や運転者の過失が暴かれても、被害者やその家族にとっては取り返しがつかないのと同じ構造ではある。しかし、根本的に異なることがある。原発事故による放射線災害は、直接人の命を奪うのではなく、被害者の「今を生きている」という生活環境や社会条件や人生の意欲や目標を打ち壊してしまうことだ。それも多様な人間が共存している地域全体に及ぶ。何万・何十万という人々それぞれの生き様を白紙に戻すことを強要する。さらに、原発事故の一次（直接）被害にとどまらず、避難先での差別や妬みなど二次（派生）被害を受け、さらに帰還しても旧に復さず生活の困難など三次（新たに生起した）被害に遭遇することもある。原発事故によって生じた環境変化により、途切れることなく次々と難題が生じてくるのだ。ここで終わりということにならないのである。そのような観点から原発事故災害を見直さねばならないのではないか。

その特殊性として、原発事故に限らず一般に原子力施設の事故で、放射性物質が飛散しても事故による直接の死亡者が少ないという点を言っておかねばならない。1986年のチェルノブイリ原発事故では30人以上の死者が出たのは事実だが、爆発事故が起こって地元の消防署員が駆けつけた際、放射線の危険性について何ら説明されずに、通常の火災と同じだと思って火事現場に飛び込み、大量の被ばくをしたためである。核反応が暴走して原子炉が破壊され、核燃料棒が剝き出しになっている現場で消火作業にあたったのだ。また、1999年に東海村の核燃料加工工場のJCOで、核燃料の製作工程中に臨界事故（核反応が持続する状態）が起こり、飛び散った大量の中性子を浴びて、作業員が2人死亡し1人が重症となった。これはウラン燃料作成中にバケツでウラニウム溶液を流し込むという杜撰な作業の過程で起きた事故であった。JCOは地元消防隊に原子力事故であることを伝えず、消防隊員は放射線の危険性を知らないまま救助作業をして被ばくした。

このように原発関連施設の事故で死者は出てはいるが、危険性を知らされないまま、主に消火・救助作業に従事して大量の放射線を浴びた場合である。一般には原発の放射線の危険性は知られているから、原発事故が起こった場合に過剰に放射線被ばくを直接被ることが少なく、死亡者は出にくいという事情がある。このこと（死者が少ないこと）をもって、大事故でないかのような言説がふりまかれているがそうではない。人々の原発への恐怖心が犠牲者を少なくしている側面があることを忘れてはならない。

大事故が起これば、直接の人身事故よりも、放射性物質を周辺地域にまき散らしたことによる被害が膨大になる。福島事故で東電が賠償すべき被害の総額は、今のところ22兆円とされているが、まだまだ増える可能性がある（経済総合研究所はその何倍もの見積もりをしている）。このように、物質的被害額は何らかの指標を使って計算できるのだが、人々に与えた不安感は一生消えることはなく、金銭で賠償できることではない。また長年続けてきた生業（農業・牧畜業・水産業など）を諦めざるを得ない口惜しさや喪失感は一生消えない。原発事故は、多数の人々の生き方を本人の意思と関係なく、強引に変えさせてしまうという「残酷さ」を強要するのだ。原発事故の特異性の一つはここにある。

(b) 被害者のストレス

原発事故被害者を苦しめているストレスの原因は、原発事故のトラウマ、健康への不安、生活の心配、家族関係の困難、相談する相手がいない、避難先での孤立、人間関係の喪失、被害者同士の対立、差別や偏見への恐怖、補償への不公平感、放射能情報への飢餓感、事故責任をとらないことへの怒り、行政の冷たさ、等々数え上げるときりがない。各人それぞれ、自分が経験し感じたことを第一に考えるし、相談を受けた人もすべてに対応できるわけではない。

しかし、誰もが共通して強くストレスを感じていることがある。それは、政府や東電のみならず原子力複合体の面々の無責任ぶりである。これだけの被害を及ぼしながら誰も責任をとらず、無反省であり、「想定外」として責任逃れし、難題は放置して先送りにしている。

それどころか、厚顔にも原発の再稼働を臆面もなく主張している有様である。被害を受けるのはもっぱら庶民であり、「エライさん」は安全な場所で暮らしていて原発被害とは縁がない。かれらは何の痛痒も感じていないかのように普段と変わりなく振る舞っているのに対し、住民は住む場所や仕事を失い、家族や地域のつながりが絶たれ、いつ元の状態に戻れるのか見当もつかない。この大いなる差異はなんとしたことだろう。これらのことを目の当たりにして、これほど理不尽なことはないと誰もが怒るのだが、どうしようもなく黙らねばならない。加害者である東電のペースで賠償・補償の行く末が決まり、その不合理性や不平等性に文句を言っても取り上げられないこともある。泣き寝入りするしかないかのように思い込まされる。

このような、社会の仕組みに由来する精神的なストレス（これがいわゆる「構造的暴力」である）で沈黙を強制されるのだが、さらに放射能に起因する不安が追い打ちをかける。そもそも「不安」は各人それぞれが無意識に抱く感情だから、人に言えないし、言っても「考え過ぎ」だとして無視され馬鹿にされる。しかし、考えれば考えるほど悪いことばかりが想像され止めどがない。「不安」の実態がつかめないだけいっそう恐れを感じるし、それがいつまでも続くのではないか、と落ち着かない気持ちになってしまう。そのような鬱屈した人生を、これからもずっと送らねばならないかと思えば、絶望的な気持ちになるのも当然だろう。

原発事故の被害者は、みんなと共通する怒りを持っているのだが、抗いようもなく諦めざるを得ない。みんなと共有したいのだが、誰もがそう思っていると確かめようがなく、個々人の心の内にとどめて運命だと抱え込むことになる。これらの思いが心の重荷になるという点が、原発事故の被害の重層性と言うべき顕著な特徴だろう。このような被害者の心理に対し、きめ細かく対応して解決を図らねばならない。私は、ここに地方自治体が果たすべき大きな役割があると考えている。地域の自治組織をフルに活用して、住民が互いに助け合い励まし合う場を提供するとともに、地域の特質を生かした集団的な取り組みを提案し実行することである。トラウマは解決することは困難だが、慰撫して心が壊れないようにすることは可能であるからだ。

10－2　健康被害：甲状腺がん

甲状腺がんの問題については、第7章の7－2の健康分科会の報告部分において詳しく論じた。しかし、報告書は医学関係者からのクレームを心配したのか、実に慎重な記述・表現で本意を読み取るのが困難な部分もある。医学論文ではないのだから、もっと平易に明快な観点を打ち出してほしかった。それを補う意味で、ここでは私が雑誌などで学んだ甲状腺がん問題の経緯をまとめておきたい。まだ現在進行中の重大な問題なのだが、過剰診断だと切り捨ててうやむやに済ませようとの、政府・福島県・国内外の医学関係者・学会など原子力利用を推進したい集団の意図を露骨に感じる。かれらは、甲状腺がんは出現しておらず、コトを荒立てずにうやむやに済ませようというわけだ。

実際、福島県「県民健康調査」検討委員会が『県民健康調査における中間取りまとめ』（2016年3月）において、「わが国の地域がん登録で把握されている甲状腺がんの罹患統計などから推定される有病者数に比べて数十倍のオーダーで多い甲状腺がんが発見されている」と認めていながら、「総合的に判断して、放射線の影響とは考えにくい」と評価している。その理由は、「将来的に臨床診断されたり、死に結びついたりすることがないがんを多数診断している可能性が指摘されている」と、「過剰診断説」を前面に立てた論である。そして、発見されている甲状腺がんの罹患が放射線被ばくによるものではないことの理由として、

① 被ばくからがん発見までの期間が1年から4年と短いこと（最小潜伏期間）、
② 被ばく量が少ないこと、
③ 地域別の発見率に大きな差がないこと、
④ 過剰診断であること、

を挙げている（なお、被ばく時5歳以下からのがんの発症はないことが理由の一つに挙げられていたが、その後被ばく時5歳の子どもが発見されて理由から外された）。

しかし、この4点について、多くの識者から以下のような反論が出されていて、福島県「県民健康調査」検討委員会の評価をそのまま受け取ることはできない。

①に関して：

チェルノブイリは1986年に被ばくし、甲状腺がんの検出は1990年以降に増加した。ところが、福島では2011年に被ばくして早くも12年3月にがんが出現しているから無関係であるという論である。しかし、チェルノブイリでも1987年にはすでに多発の兆候があり、今では最小潜伏期間は1年とされている。1990年まで超音波エコー検診が行われず触診であったから検出率が少なかったに過ぎないからだ。被ばく後、福島で早い段階から甲状腺がんは検出されていて当然なのである。

②に関して：

被ばく量が少ないのは、そもそも政府の放射性ヨウ素の甲状腺集積量まで正確に調べたのは1080人と少なく、また推定被ばく量は放射性ヨウ素の拡散状況、各個人の滞在場所や滞在時間や飲食の状況の申告など、曖昧な記憶によって推計したもので不確定要素が大きいことが影響している。さらに、飲み水や呼吸を介した内部被ばくが考慮されておらず、過小評価である。チェルノブイリでも、小児甲状腺がん症例のうち、51.3％は100mSv以下の推定

被ばく量であり、被ばく量が小さいからがんは発症しないとは言えない。
③に関して：

地域別発見率には、検診の期間と順番という要素を交絡因子として考慮しなければならないことが指摘されている。一巡目の検診を受けた者は約30万人いて、検診を終えるのに2.5年を要した（2巡目は約2年を要した）。小児や青年の甲状腺がんの成長速度は2～3年で、ほぼ同じである。つまり、検診は汚染濃度の高い地域から行われたが、まだがんは成長しておらず、検診時期では地域の差異は出ていなかったのだ。2巡目となって、被ばく線量は低くても、原発に近い地域ほど検出割合が増えていることがわかった。事実、10万人当たりの発見数は、

避難区域（1巡目33.5、2巡目49.2）、
中通り　（1巡目38.4、2巡目25.5）、
浜通り　（1巡目43.0、2巡目19.6）、
会津地方（1巡目35.6、2巡目15.5）で、

2巡目に有意な差が出ていることがわかる。しかし、この4区域の分析は破棄されてしまった。都合の悪いデータを出さないのである。その代わりでもないが、被ばく時5歳以下を除外して、5～14歳と15歳以上に分け、甲状腺の被ばく線量を4分割して比較し、顕著な差異がないとしている。しかし、15歳以上に被ばく量が高いにもかかわらず、がんの発見率は低い、という奇妙な「負」の相関を見出しているのをどう説明するのだろうか。
④に関して：

「過剰診断」論は、がんのようなもの（がんもどき）を見つけているに過ぎないとの論で、進行しないか、後退するがんを見つけている影響だとする（ゆっくり成長するがんを見つける影響は「スクリーニング効果」と呼ばれていたが、現在はそれとは区別しているようである）。しかし、実際に甲状腺がんとの診断を受けた患者において、転移が起こったり、複数回の手術や放射線治療を要したりしており、真正の患者であって、がんもどきの患者ではない。そもそも日本は過剰診断対策の先進国と言われており、甲状腺超音波結果の使用は抑制的で、不必要な検査も行っていない実績のある国なのである。

なお国連の科学委員会の報告（「UNSCEAR 2020 Report」）を金科玉条のように捉える傾向があるが、健康分科会でも注意を与えているように、全面的に正しいとして受け入れるべきではないことを述べておきたい。例えば、②の被ばく量の推計をする係数を明らかに小さく取っており、差が顕著に出やすい男性のデータではなく女性の数値を採用し、福島県内の被ばく量の地域分布を無視している。これらの欠陥から、とても「有意な発生率の差異はない」との結論は受け入れられない。国連の委員会もバイアスがかかったデータ処理をしているのである。

医学は専門外の私だから、これ以上医学論争に立ち入る気はないが、もう一つ気になっていることを述べておきたい。医学が科学となるにおいては、人間の多様性を取捨し、平均的反応を普遍性として捉えることが必要であった。その結果として、何事も平均に準拠して論じることに慣れ、平均からのズレは切り捨ててしまいがちになる。被ばく線量がチェルノブイリ事故に比べて「総じて（平均として）小さい」から、被ばくによるものではないとする診断もその一つである。甲状腺がんに罹患した人は、知らないうちにどこかで強い放射線を浴びたのかもしれないし、例外的に放射線への感受性が強いのかもしれない。その上、初期被ばくの検査は不十分であったことは明らかであるのに、あたかもそれが絶対のデータであるかのように扱っている。何度も述べているように平均からズレた部分に隠れている真実を追求しなければならない。「神は細部に宿る」ことを忘れてはならない。原発事故のような特別の事件が起こったのだから、通常の医療とは異なる特別の対応をすることが求められていると思うのだが、いかがだろうか。

10－3　原発事故関連死

原発事故によって生じた放射能汚染は、住民にさまざまな健康被害をもたらした。私が特に注目するのは、最初に述べたように原発事故によって受けた精神的ストレスによる健康被害である。それが高じて、自殺、PTSD、ノイローゼに追い込まれる人々が増えることになる。福島の原発事故と震災（地震と津波）との複合災害によって引き起こされた健康障害で、生業の喪失、生き甲斐の消失、故郷の放棄、夫婦の間の齟齬、親子の対立、家族の別居・離散、生活の困難などによって虚無感が強くなり、何事に対しても無気力になることが引き金になる。生きることへの疑問、回復不可能な喪失感、先行きへの不安感、などに捉われて自分の立ち位置が決められず、あるいは常に追い詰められているとの切迫感のために、正常な判断ができなくなって精神障害に導かれるのである。

自殺の場合、岩手や宮城でも震災が起こった直後は増大したが、その後減少している。巨大地震という衝撃で大きな打撃を受けたが、やがてその心理的動揺から立ち直るとともに、精神力を取り戻していることが読み取れる。しかし福島では、時間とともに、避難者数は減少しているにもかかわらず、自殺数はほとんど減少していない。これは、福島においては避難の状況は回復していても、原発事故による心への重圧がいつまでも長引き、そのことが自殺を選択する動機となっていると考えてよいだろう。単に原状を回復するだけでは、住民の未来への意欲を引き出すことはできないのである。といっても、市庁舎や学校や公共建築物を新築し、外部から企業を誘致して工業団地を造成する、というようなハコモノ行政でも、住民は原発事故から立ち直ることはできない。最重要なのは「生活に根差した復興」ではないかと思う。「惨事便乗型資本主義」は真の復興には寄与せず、自殺者は減らない。原発事故の後始末は、住民の精神面への励ましとならねばならないのである。

さらに、原発事故後の福島県の小学校・中学校の生徒に肥満傾向が顕著に表れ、メンタルヘルスにも悪影響を与えていることが明らかにされている。子どもたちは、それと明確に語らないが精神的重圧を内に秘めており、そのために外遊びを忌避して運動不足になり、メタボリックシンドロームが増えているのである。心の持ち方に関わるメンタルな問題のみならず、心と体が密接している子どもたちにとっては、肉体の健康問題をも抱えることになるのである。

同様に、特に仮設住宅入居者を含む成人の避難者において、メタボリックシンドロームが顕著であることも目立っている。PTSD、うつ、アルコール依存症が多く、心理的重圧が避難者を追い詰めていることがわかる。その結果、原発事故が脳卒中や心臓病のリスクを上昇させており、東日本大震災関連死の数に顕著に表れている。10万人当たりの震災関連死は、岩手県39人、宮城県40人、福島県127人であり（復興庁2022年）、震災関連死と言うものの、福島県では原発事故が大きく影響していることが明らかで、過剰な死者は「原発事故関連死」と呼ぶべきあろう。

10−4　科学者・専門家の言説

原子力ムラの重要な構成員に原子力の専門家がいて、原発推進政策のお先棒を担いできたことは衆知の事実である。さらに、先に述べたように放射線医学・保健学などの分野の医師や医療関係者は、原発事故の真相を隠蔽する役割を果たしている。かれらの多くは、あたかも自分たちは客観的で公平・公正であるかのような顔をして原発擁護の論陣を張り、科学が万能であって口を差し挟む余地がないかのように事故後の処置の正当性を主張する。まさに、専門家である自分たちこそが科学の使徒であって、人々を啓蒙・教育し、正しい道へ導かねばならないと決めているのではないか、と思うことがある。

というのは、トランスサイエンス問題で論じたように、①現代の科学は万能ではなく限界があるということ、②限界に直面すると、小手先の便法を使っているから、専門家の議論に必ずしも「科学的」ではない曖昧さが潜んでいること、③その曖昧さを隠すために科学以外の論理を持ち込んでいること、を科学の専門家たちは自覚していなければならない。このことをわきまえねば科学者とは言えないのではないか。

私は、科学そのものがいい加減なものであると言いたいわけではない。科学には明確な白黒の決着がつかない問題があることをきちんと見極め、あくまで事実に依拠した透明性を保ち、自らの選択の説明責任を果たす、そんな科学者であってほしいのだ。社会との接点で倫理を最大限に尊重すると言ってよいかもしれない。特に、ここで問題としている放射線被ばくに関わる事柄は、相対する人間の多様性や特殊性（「人間は複雑系」）を熟知した上で、人間の尊厳が大事にされる社会的存在であることを抜きにして議論できないのである。

例えば、原発技術が社会的に認知され機能していることをもって、人々が原発事故を受忍しなくてはならないわけではない。ましてや、放射線被ばくを引き起こした技術の失敗が許されるわけではなく、「止むを得ない」として被ばくを受容してしまうのは間違っている。また、原子力ムラにとっては原発推進という目的が至上であり、事故という結果は「想定外だから仕方がない」と許容するのが通例である。しかし、目的と結果ははっきり分離して考え、目的に結果を隷属させてはならない。

一方、医療は個々の人間の特殊性を相手としているのだが、そればかりに関わっていては治療ができない。すべての人間に効く薬はないからといって、薬を処方しないわけにはいかないからだ。そこで、ほんどの人に効く薬を処方する。つまり、患者は誰もが平均的な人間だと見做すことで医療は成り立っているのである。そのため医師は人間の平均的挙動を診ることが習い性になり、個々の人間の平均からのズレ（特殊性・特異性）を診ることをつい忘れてしまう。しかし、このような習性は、甲状腺がんをはじめとする放射線被ばくの被害については、真逆の発想と言わねばならない。発病した個々の人間が思わぬ場で知らずに被ばくしたのかもしれないし、そもそも平均より被ばくに関して感受性の強い人間だっている。ところが平均化すると、そのような人の平均からのズレを無視し、切り捨ててしまうことになってしまう。

現代医学は多数のデータを集めて平均的な反応・挙動を普遍的とし、その法則性を探ってきた。それは科学の常道であり、科学が成立していく上で欠かせざるステップであるのは確かである。しかし、そのステップは科学の限界を内包していることに留意しなければならない。医学のような多様な人間を相手にする分野では、むしろ平均からのズレにこそ個々人の本質がある。言い換えれば、平均に関わる科学には限界があるということを強く意識すべきなのだ。再度述べるが、「神は細部に宿る」とは、けだし名言ではあるまいか。

あえて付け加えるまでもないが、私は集団の行動・挙動に対して、その平均的傾向を一律に論じることが間違っていると言っているわけではない。個人に対する個別的判断と、集団の平均的傾向を混同してはならないと言っているだけである。統計を取ると、女性の方が男性より数学の平均点が低いから、どの女性もどの男性より数学の能力が低いと言えないことは明らかだろう。集団は平均で議論できるが、個々人は平均で判断してはいけないのである。被ばく線量についての議論もそれと同じで、なぜか被ばく問題となると平均の数値に終始し、分散のある個別の議論をしない。そこに深入りすると全体の傾向が見えなくなり、学問的ではなくなると勘違いしているのではないか。

第11章　原発事故の際の避難は可能か？

原発事故が起きた際の、周辺自治体の住民の避難は至難の問題である。第6章で避難委員会の報告を紹介し、さまざまな問題点を指摘したが、いざ原発事故に当面したときに自分はどう振る舞っていいのか見当がつかない。自分が当事者とならねば避難の詳細や困難さについてなかなか想像できないからだ。そこで、実効的な避難行動の条件とは何かを考えてみようと思う。しかし、そもそも避難はいつ始まり、いつまで続き、いつ終わるか、その判断について公的に検討されたことがない。避難が実に複雑なプロセスであり、その一部始終を一般的に論じることが不可能であるためである。実際、福島事故における避難は今なお続いており、いつ終わるか見当もつかない。福島事故の避難経験は参考にならないのである。ここでは、避難行動について筆者が気になった問題点のみを抽出して論じることにする。

11−1　IAEAの多層（深層）防護

IAEAでは原発の基本的安全原則として、予想される事故レベルを5つの段階に分け、各段階は「放射能の防護レベル（多重防護）」と「放射能閉じ込めの物理障壁（多重障壁）」の2つから構成されるとしている。これをまとめると次ページの表のようになる。むろん、防護手段についてはもっと詳細に書かれているが、ここではエッセンスだけを書いている。また、フィルターベントについては、事故レベル3の段階で圧力容器を守るために行うか、事故レベル4の段階で格納容器に危険が及ぶ前に行うべきかは、緊急度によって異なるとしている。ベントを行えば、必然的に周辺地域に放射性物質が飛散することになるから、レベル5の状態を先取りすることになるわけだ。

福島事故においては、レベル3の圧力容器、レベル4の格納容器が次々と破損され、発生した水素に引火して爆発し、建屋を突破して放射性物質が大々的

IAEAの多層（深層）防護

事故レベル	放射能の防護レベル	放射能閉じ込めの物理障壁
1	通常運転で異常・故障の発生防止	燃料ペレット
2	異常・故障発生検知・拡大防止	燃料被覆管
3	放射性物質異常放出・炉心損傷防止	原子炉圧力容器・冷却系外部注水
4	構造物や重機器損壊・炉心損傷防止	原子炉格納容器
	敷地内放射能閉じ込め	敷地内対策
5	敷地境界外の防災	原子炉建屋

に飛散した。ベントが試みられたが成功したとは言い難い。そして何より、核反応生成物の崩壊熱を冷却する水を供給するための電源を喪失したため、炉心溶融（メルトダウン）が起こって原子炉が破壊されてしまった。

このような事故の進展に応じて、原発の状況を原発立地地域周辺の住民に直ちに知らせて避難を勧告し、より遠方の住民にも放射性物質が拡散する可能性を伝える必要があった。しかし、東電は事故の衝撃から冷静な判断・対処をすることができなかった。そのため国には正確な情報は伝わらず、国からの情報や指示を待つ県や自治体は情報のエアポケットとなって、ただ待つばかりの状況が続くことになった。これに対し、原発が爆発したとの緊急の報を聞いた住民たちは、取るものも取り敢えず原発がある地点から離れることが強いられた。それが避難の開始であった。

11－2　避難委員会の報告に欠けていること

(a) 避難の実態

福島事故では、水素爆発が断続的に起きて、住民はそもそも事故がいつまで継続し、いつまで避難行動を継続しなければならないか、の判断をすることができなかった。原子炉の状態がとりあえず定常状態に落ち着き、さらなる放射能汚染は起こらないと災害本部が保証するまでは、「避難を要する事故」は終結していないと考えなければならない。そうすると、避難委員会が問題にする実効的な避難とは、少なくとも避難の終結までの行動についての指針が与えられねばならなかった。ところが、第6章で紹介した報告書では、原発事故発生から、とりあえず避難先への移動が完了するまでについてまとめられているのみである。避難状態がいつまで継続し、その後の帰還行動の判断は誰が行い、どういう形で住民に周知させ、どの段階で避難は終結したとするのか、について合意形成を行うことが必要であった。さらには、それにとどまらず、地元に戻るまでの過程と地元に戻ってからの生活の再開まで、一連の避難の過程として捉えねばならなかったと思う。

むろん、事故を起こした原発の状態、事故の影響範囲、事故収束の状況、避難する人々の全体的な動き、気象条件、避難先及び避難元の生活環境、政府の対応、県・自治体の体制や取り組みなど実に多くの要素が絡むので、そもそも避難の終結まで簡単に議論できることではない。何しろ、まだ福島事故は継続しているのだから。さらにまた、放射性物質の放出は止まっていても、それまでに降り注いで蓄積している放射能が怖くて避難を続けたいと望む人々が多くいる。現に福島では、3万人以上の方々が今も避難を続けている。そのような人々の故郷を離れての避難のあり方は別個に議論すべきであるのは確かであろう。そして、避難から帰還までの課題も併せて検討することが求められていると思うのだが、いかがだろうか。

(b) 何をもって避難に成功したと判断するのか？

(a) と関連するのだが、避難終了までと期間を区切ったとしても、何をもって実効的な避難行動に成功した（失敗した）と言うのであろうか。その目標をあらかじめ定めておくべきではないか。避難の途中にはさまざまな混乱があるのは当然だが、とりあえず命を取り留めて無事避難できたことを成功と言うのだろうか。大量の放射線被ばくによる死亡例はほとんどないのだから、死亡しなかったことが避難の成功とは言えないのは確かである。私は、「避難の過程において誰もが余分の被ばくを被らず、事故以前の生活に戻ることができた」というのが避難の成功の最低条件だと思うが、実際上それは困難であろう。そもそも避難元が放射能汚染されれば、そこで生活を継続することは不可能であり、避難ではなく移住に切り換えることにならざるを得ないからだ。

あるいは、被ばくはしたのだが、「被ばく線量が少なかった、過大な被ばくを受けなかったので避難先に行けた／避難元に戻れた」というのが成功なのだろうか。一人一人の被ばく線量が少ないといっても、多数の人が被ばくしたなら誰かが発病する確率は有意にあり、避難が成功とは言えない。だからといって、「被ばくは止むを得ない」を前提にした避難であってはならず、個人においても、集団においても、被ばくゼロを目指す避難でなければならないことは当然である。

また、避難（とその後）の過程で生じる震災関連死の有無も避難の成功度を測る目安となるのではないか。特に被ばくと絡んで持病が悪化したり、体調が不良のまま被ばくを恐れて逃げ回ったりした結果、死を迎えざるを得なかった事態は「被ばく関連死」と呼ぶべきだろう。それが起これば、採られた避難行動は失敗と言わざるを得ない。

つまり、原点に戻って人格権・人権の問題として、そして人間の生存権あるいは幸福追求権の問題として、避難行動を考えなければならない。原発事故で理不尽にも「被ばくさせられたこと」は明らかに人格権侵害である。さらに「長期の避難を強制され」「帰還不能となって故郷を放棄させられ」「就労や教育の機会を逸した」などは、個人の生存権が脅威に曝されたことになる。このような被害をいかに最小にとどめるかも実効的な避難計画に組み入れなければならない。

それら人格権に絡む複雑な問題は、被ばくという事象が起点であることは確かである。そして、原発事故は放射線被ばくを必然的に引き起こすのだから、原発事故が起これば避難を完全に成功裏に行うことは不可能であると認めなければならない。相対的に被ばくを小さくできたのだから避難は巧く行われたということになれば、程度問題に矮小化されてしまう。人間が生きるということの尊厳は、被ばく量の大小で判断できるわけではなく、少しでも被ばくすれば、その避難行動は失敗と言うべきだろう。原発事故において避難は被ばくを必然化し、その大小で避難の成否を判断していないか、点検すべきであろう。

(c) 複合災害を想定した避難訓練は可能か？

原発事故と自然災害（地震・津波・火災・豪雪・吹雪・火山爆発等）の同時発生

に加え、さらにコロナ禍のようなパンデミックが加わった場合の避難は実に困難であることは言うまでもない。集団生活を余儀なくさせられる避難所の環境条件が急に改善される見込みはないし、コロナ禍において直面した医療状況を見れば問題は単純ではないからだ。原発事故と天災とコロナ禍が合併して同時的に起これば、通常の医療体制は完全に崩壊することは明確であり、もはやこうあるべきと論ずる術もない。

コロナ禍の患者は「自宅療養」を迫られたが、それに放射能汚染が加わればどうなっていたであろうか。緊急医療では、診察・治療を施す患者の順序をつけざるを得ない（トリアージ）。その場合、見かけ上、肉体的損傷を受けていない被ばく患者は治療の順位が低く、丁寧な診察がなされず後回しにされることは必然である。また、複合災害を想定した避難訓練は本来的に不可能であろう。複合事象がどう生じるかわからないため対処のしようがないからだ。であっても、実際の避難においては、医療活動のみならず、避難行動について順位づけをすることが求められる。それは、現実には起こり得ないケースのように思えるが、やはりそのような事態が実際に生じることまで想定すべきことは福島事故で学んだ。私たちは、最悪の事態まで想定しておかねばならないのだ。

新潟では、冬季の激しい吹雪と大雪によって交通網が遮断状態に見舞われたちょうどそのときに、原発事故が起こる場合を考えておかねばならない（さらに、そのときに中越沖地震並みの地震が合わせて起こることもあり得る）。そんなことは「絶対に起こらない」とは誰も、「絶対に言えない」。考え得る限りのあらゆる事態を想定しておく必要がある。実際に、そんな多重事故が生じると、原発から5km以内のPAZに居住する人々は身動きできないから、直ちに避難することは不可能で、住居に留まらざるを得なくなる。また、救援部隊も消防車もレッカー車も原発敷地や周辺に近寄ることができないから、原発で働いていた人々及び原発周辺の住民は立ち往生してしまうのは必至である。そして、それがどれくらいの期間続くことか、誰にもわからない。

原子炉内部で核分裂反応を止めても熱の発生は止まらず、外部電源によって冷やし続けねばならない。大雪で厳寒が予想されるからといって、事故を起こした原発は容赦せず、油断をしたら暴走し始める。そんなときに限って、地震や津波など天災の同時的来襲があるものである。ならば、せめて冬季の運転を止めることこそが「安全な避難」、ということになるのではないだろうか。原発の稼働を前提として周囲の人間が避難するのではなく、原発の休止を前提として周囲の人間が安心して冬を過ごす、そんな「避難」もあるのではないだろうか。

(d) 医療機関の人たちの避難

これまでは、基本的には健康で自ら動ける人間の避難を前提にして避難の課題を取り上げてきた。しかし、自力による避難が困難である患者（要配慮者・要支援者）を多く抱えている医療機関や高齢者施設の避難について検討を加えておかねばならない。福島事故では、医療機関からの避難の困難さから数多くの原発震災関連死が引き起こされた。むろん、医療機関ごとに、とりわけ原発に近い場所に立地する医療機関では、詳細な避難計画を立てているのは当然である。しかし、それに任せきりにするのではなく、医療機関が策定した避難計画を点検し、必要な助言をすることが必要である。

例えば、医療機関の屋内退避においては、どれくらいの期間を想定しているか、その期間の医療環境は整備されているか、それが過ぎて移動しなければならなくなったときの医師・看護師・職員などの引率体制は整っているか、医療器具・薬品・検査設備などの移動も考えているか、などを検討し準備しておかねばならない。屋外への退避移行が最初から必要である場合には、引率体制、退避経路、渋滞時の経路選択、転院先とその距離、病院のベッド数の把握、退避先の医療体制などとともに、病院統廃合が行われている状況を考慮した医療環境の変化など、細かな点までチェックが必要である。

医療機関自身が避難することを計画しているなら、自力による避難が可能であるか、病院が所有する車両の活用計画を策定しているか、他の避難車両の手配・輸送体制（運転手や補助要員）は十分か、避難先の確保は万全であるか、統括する部門との連絡・連携関係は確立しているか、常に最新の情報を得る体制が整い避難に生かせるか、などを点検した上で行動計画を策定しなければならない。患者輸送に伴っての行動計画において、医療機関は指定された避難経路に制限されずに最適経路を臨機応変に選択できる条件とか、スクリーニングが免除される特権とかを獲得しておき、それらを活用して円滑な避難が実現できることが肝要である。また、医療者など引率者自身が災害に遭って動けない事態もあり得る。それを補完する体制を組んでおかねばならない。

では、これらの医療機関の避難に関して、どのようなシステムを構築しておけばよいのだろうか。新潟県では新潟大学医歯学総合病院と新潟県がんセンターが「拠点病院」に指定されており、そこが助言・指導・誘導体制を構築することになっている。それとともに、二次被ばく医療機関が指定されているのだから、それらの間の役割分担を明確にし、互いに確認し合うことが必要である。そのため、拠点病院・二次被ばく医療機関が連絡会を形成し、情報交換と役割分担を常に確認しておかねばならない。それには県の原子力防災関係の部局が責任を負う形とすべきであろう。このような医療機関を含めた避難体制を提案・構築しておく必要があるのではないか。

実にさまざまな避難の実態に対する問題点を指摘したが、さてそれらをどの機関・部署が受け止め、実際の施策として実現するのであろうか。というより、私は単なる空論をここに書いているに過ぎないかのように思え、何だか空しくなってしまう。

11－3　避難問題の特殊性

最後に、避難問題の特殊性について述べておきたい。原発事故そのものはローカルだが、水素（あるいは水蒸気）爆発が起こったり、ベントを行ったりした場合、放射性物質が大気中を広域に拡散し、そして季節風による飛散やプルームの発生による移動などで、周辺50kmの山野に及ぶことは確実である。原発事故の影響は広域にならざるを得ないのだ。アメリカでは原子炉事故の際の退避範囲は50マイル（約80km）となっていて（福島事故の際にも、アメリカ人にはこれが勧告された）、広い領域に被害が拡がると考えるのが常識である。さらに、原子炉内を循環していた水が漏出し、地下水と混じると膨大な量の汚染水となって流出し、周辺の土地や海域を汚染する。このように放射能汚染は海陸に広域化するから、当然避難も広域化し、避難すべき人口は数万人から数十万人へと膨れ上がる。原発からの距離と方向と地形に応じて、どう避難するのがよいか、きめ細かく検討されねばならないし、その避難がいつまで続くかも場所や季節によって変わる。それも、予想できて決められる場合は少なく、臨機応変に対処していくしかない場合がほとんどだから、計算ずくにはいかない。

このように、原発事故の全体像やその終焉図が見えない中での避難とならざるを得ないため、必然的に不確定な要素を孕んでおり、避難の最適解は簡単には決まらない。「実効的な避難計画」と言っても、あらかじめ計画を組んでおくことができないのだ。また、避難する人々にとっては、いつまで避難すべきか簡単に決められず、放射能に対する考え方も人によって異なるから、一致した意見にはなり難い。SPEEDI（緊急時迅速放射能影響予測ネットワークシステム）は評判が悪く国として採用しない方針のようだが、重要な情報であることは確かであり、原発周辺地域では必置すべきである。ただ、自治体職員がSPEEDIの情報を使いこなし、住民に伝え、避難にどのように生かすかについての訓練をしておかねばならない。避難集団が烏合の衆となれば、情報の信憑性より、声の大きい方・確信があるかに見える方へと引きずられていく危険性があり、情報伝達のリーダーシップ体制の検討も必要だろう。

原発立地地点から30kmを超えた地域（UPZ外）では、原発事故が起こった場合に原発周辺のPAZ・UPZからの避難者を受け入れることになっていて、いかにも安全地帯であるかのような印象を与えている。ところが、例えば福島事故で飯舘村が避難者受入先になっていて多くの人々が避難して来たが、プルームが発生・襲来したため飯舘村の住民・避難者ともかえって多くの放射線を浴びるということを経験した。原発周辺の30km以上であっても気象条件によっては放射性物質の飛散量は多くなり、決して安全ではない。その判断は雲の動きをリアルタイムで追いかけていなければわからず、逃げ惑う住民は知ることはできない。非常に単純化して言えば、放射性物質の飛散が通告されたら一切屋外に出ず、気象条件が変わるのを屋内で待つのが賢明ということになる。しかし、緊迫した状況下において「逃げるな」とは言えない。さて、このような場合、どのような指針を出すべきなのだろうか。

緊急避難が終わって自宅に戻っても、生業（農業・林業・水産業・畜産業・地域の小売業等）が持続できるか、故郷を離れるか留まるか、その決心が一時的か長期的か永久的か、政府や県の支援はどうなるのか等、考慮しなければならないことが多くある。さらに、コミュニティは存続するのか、家族や親族や友人・知人とどう相談するのか、補償金・援助金・補助金・運転資金の供与や貸与はどういう条件であり、災害復興住宅はいつまで手当てされるのか、これらについて先行きどの時点まで予定できるのか、など一人一人が数多くの難問を抱え込む。つまり個人ごとに、原子力災害の大きさ・深刻さ・持続期間の見積もり、復興の見込み、どれくらい先まで考えるか、避難が一時的か恒久的かの見極め、などの考え方は多様であって一律でない。子どもの数や年齢、高齢者がいるか、所帯としてそのまま持続できるか、など家族構成によっても異なり、避難行動の条件としてきめ細かい検討が必要だが、それらは一般の避難計画外の個人の問題として切り捨てられてしまう。それでよいのだろうか。というのは、避難計画をどの期間まで策定すべきかを考える上では、個人の挙動は検討しなければならない重要な要素であるからだ。個々の住民の生活環境の多義性や多様性を無視して、一律の避難計画を押し付けることはできない。

このように考え進めると、最初に提起した「避難行動の終結をいつに設定するか」の議論に戻らざるを得ない。実際、福島原発事故で故郷を離れている被災者・避難者にとっては、「避難行動」はこの10年以上ずっと続いていて終結していない。その人たちは国が示す復興計画に乗らないのだから切り捨てるしかない、ということになるのだろうか。そうではなく、それらの人々の思いを拾い上げていくための実行可能な施策を提案する、そこまでを見通した幅広い避難計画を構想すべきである。万一柏崎刈羽原発が重大事故を起こせば、災害を押し付けられるのは新潟県民であり、そのような人々を念頭においた施策を検討するのが行政の義務である。また、そのことを行政に対してしっかり要求する県民であってほしいものと思う。

11−4　防災の未解決問題

(a) 地域の防災・避難計画

原子力規制委員会が定めた「原子力災害対策指針」では、原発立地自治体はこの「指針」に従って「地域防災計画」と「避難計画」を策定することになっている。そのため内閣府が13の立地地域ごとに「地域原子力防災協議会」を設置し、そこで原子力災害に関わる「緊急事態対応」が具体的で合理的であるかを確認・チェックするという建て前である。しかし、「地域防災計画」は原子力規制委員会において実効性の検証は行われず、まさに形式的計画であると言わざるを得ない。これら防災・避難計画の問題点は、対処可能な事故のみを想定した計画であるに過ぎないことだ。それもすべての段取りがスムースに運ぶという前提に立っており、実効性があるとはとても考えられない。実は、そうでなければ計画が立てられないのである。即時の緊急対応が可能でなければ実効性は伴わないが、そもそも想定外のことは書きようがない、というわけだ。こうして、防災・避難計画は必然的に予定調和的な机上の論でしかなくなるのである。

さらに、防災・避難訓練は比較的わかった内容なので形式的に実行しやすいが、輸送・通信・給油・道路渋滞となると個々のケースごとに考えねばならない。これに加えて、大雪や地震などとの複合災害になると、新たに余分な障害が発生し、それぞれに対処する計画を立案しなければならない。しかし、状況設定が難しいから、そこまで考えられていられない、ということになる。

また、当面の避難を避難所まで無事にたどり着くまで、とする避難計画がほとんどである。ところが、避難所生活は必ずしも短時日で終わるわけではない。滞在が長引くと、建物の健全性・気密性が保たれ、冷房や暖房が使え、各人に十分な面積が用意され、食事の確保やトイレなどの設備に問題がなく、プライバシーが確保されているか、などを検討の対象にしなければならない。せっかく避難所に行き着いたのに、そこで熱中症や低体温症になって死亡するというケースも生じているから、医者や看護師の配置も検討しなければならない。安易な避難計画がかえって危険を招くことにつながるのだ。そこまで考えて防災・避難計画が策定されているだろうか。他方で、どうせUPZ地域全体で避難しなければならないことにはならないから、互いに融通すればいい、と安直な体制しか組んでいないとも言われている有様である。

(b) 事故後も不備なままの防災対策

原発の過酷事故が起こった際の緊急の防災対策は、

① 首相が本部長を務める「原子力災害対策本部」が設置され、そこに「中央政府の防災体制」が発足して緊急情報から事態の推移を把握して意思決定を行う、
② 内閣府副大臣が本部長を務める「現地対策本部」が設置され、原発近くのオフサイトセンターに「地域防災体制」を発足させて指揮管制中枢となる、
③ 原子炉施設内の所長を本部長とした「発電所対策本部」が敷地内に設置され、オンサイト「核施設内防災体制」として陣頭指揮に当たる、

という三段構えになっていて、今後もこの枠組みは変えないとしている。ところが、福島事故において、①での情報収集がまったくできずに中央政府は何を指揮していいかわからず、②のオフサイトセンターは放射能汚染のために機能せず、③では孤立した福島第一原発所長の孤軍奮闘はあったが後手に終始した。何しろ過酷事故を想定した手順が何もなかったからだ。

ところが、ここに書いたような問題点を形式的に手直ししただけで、三重の防災体制はそのまま継続するという。例えば、規制委員会は地域の防災計画策定のためとして「原子力災害対策指針」をまとめ、それに基づいて「原子力災害対策マニュアル」を公表したが、具体的な対処計画は地元自治体に丸投げしたままで、それ以上追求していない。そのため、自治体から提出された防災・避難計画も上に述べた通りで実効性は期待できない。福島事故を経て貴重な体験をしたというのに、防災計画は未解決のままなのである。

また、事故時の放射線モニタリングと放射性物質の拡散予測は、住民が避難する上で最重要な情報なのだが、福島事故でむしろ後退した。規制委員会がSPEEDIの運用停止を明らかにしたからだ。福島事故の際、SPEEDIのデータでは正確な放射線強度の絶対量や核種が予測できなかったためだが、それはモニタリングシステムがダウンし、さらにERSS（緊急時対策支援システム）が通

信障害でデータを送れなくなったためである。その影響でSPEEDIは放射線強度の相対分布しか描けなかったのだ。しかし、危険地帯は予想できたし、原子炉敷地内の放射線強度の実測値を利用すればその絶対分布の推計も可能であった。SPEEDIそのものは正常に動いていたのであれば、そのデータを利用して避難に生かすことはむしろ管理者の仕事である。

SPEEDIによって得られたデータの活用法はいくらでもあるのだが、規制委員会はそれを放棄しようと言う。科学者としてデータを活用する意欲に欠けているとしか思えない。SPEEDIを運用し続ければ、避難に関して無関係なはずの規制委員会にも責任が及びかねないことを恐れたのではないかと邪推している。データを提供して何らかの問題が生じたら責任が問われるから、データを使わないことにすれば汚染状況を軽く見せられるからだ。原子力利用を推進する部署の足を引っ張るようなデータは門外不出としなければならない。それが原因でたとえ被害者が増えようと規制委員会の責任は問われないというわけだ。

第12章　地域と自治体に引き起こされた問題

原発による放射能汚染は、原発立地周辺のみならず、広い地域にまで及ぶ。また事故時の風向きやプルームの発生次第で、局地的に遠くまで広がることになる。福島事故においては、南東の風が特に強かったため放射性物質は陸上の細長い地域に集中し、また北寄りの風によって海の汚染も引き起こされた。その結果として、農業・畜産・水産・林業などの第一次産業が多大な被害を受け、土地の放棄につながった。同時に、福島県全体がすっぽり放射能汚染されたという印象が人々に刷り込まれ、風評被害を多く被ることになった。以下では、地域全体に引き起こされた原発事故によって生じた問題点をまとめておこう。

12−1　風評被害

事件や事故が起こった後、もはや客観的な根拠はなくなったにもかかわらず、いつまでも事件・事故に結びつけられて「XXは危険」という思い込みや先入観に基づく「噂」（「風評」）が広がり、経済的損失を受けることが「風評被害」である。福島の原発事故で放射性物質が放出されて広い領域へ拡散し、農作物・畜産物・水産物などが放射能汚染されるという事件となった。実際、これによって米や野菜や果物や山菜、牛乳や牛肉や鶏肉、近海魚や貝類や海藻に、通常以上の（事故以前を大幅に上回る）放射線が検出され、出荷停止措置が採られた。その段階では風評ではなく「実評」であり、放射能汚染されたものが敬遠されて、生産者は多大な損害を被った。これは「実評被害」である。

しかし時間が経つにつれ、放射線は減衰し、あるいは除染され、さらに雨風で流され吹き飛ばされ拡散して減っていく。また、放射性物質の移行を遮断する作付け法や栽培法を工夫して、余分な放射性物質を含まない農産物とする努力がなされて厳しい検査に合格し、漁業では試験操業を繰り返して安全性を確認している。それにもかかわらず、なお放射能汚染が続いているかのような根拠のない「風評」が根強く流布して、商品として流通しない（消費者が敬遠する）、売れない（消費者が買い控える）、値段を下げざるを得ない（消費者が買い叩く）ということになって、経済損失がいつまでも続くのが「風評被害」である。厄介なのは、何となく怖い、以前そうだったから、皆がそう思っているからとかの、無責任な臆測が流言・デマ・風説・噂となり、根強く続くことだ。また、福島では山菜やキノコに放射線が高い状態が今も続いているのだが、他の野菜類まで同じであると誤解され風評となって続くこともある。そんな風評を消そうと健全さを強調すれば、かえって「危険を隠すため安全を強調しているのだ」と曲解されて、いつまでも風評が収まらないという悪循環もある。

風評は幽霊のようなもので、否定するとかえって信じる人が増え、放っておくと疑心暗鬼が広がって不安を呼び起こす。捕まえられないから正体はこれだと突き出すことができず、思い込んだ人を説得するのも困難である。理性で解決できず、噂が消えていくまで長い時間を待つより仕方がない。その間経済的損失を被り続けることになる。それも直接放射能汚染を受けた地域だけでなく、放射能汚染がなかった地域までも、同じ福島県産だとして風評被害を受け続けたのであった。

柏崎刈羽原発で事故が起こった場合、風評被害を受けるのは新潟の米や野菜であり、果物・山菜・キノコであり、魚介類などの水産物である。つまり、新潟県由来の産物であれば、すべてが風評被害の対象になり、「ここは柏崎刈羽から遠く離れているから大丈夫」と言っても通用しない。その意味で風評被害は全県に及び、それを消す効果的な手立てがなく、問題の推移次第では大火傷になることを覚悟しなければならない。

福島事故において全県が何らかの風評被害を受け、経済的損失を被ってきたのだが、ほとんど賠償の対象にならない。放射能汚染をもろに受けたのは双葉町と大熊町であり、むろん「帰還困難地域」は賠償の対象になる。ところが、そこから50kmも離れた地域も放射能汚染を受けたが、その被害をいちいち証明しなければ賠償金が受け取れないのだ。さらに県のほぼ中央の郡山以南の須賀川など、以西の会津若松など、以北の福島などの、顕著な放射能汚染がなかった地域では、風評被害があっても賠償金は要求できない。風評は噂や悪評による被害だから、具体的にどのような実害が生じたかを示すことが困難で（「人々が何となく買わなくなった」としか言いようがなく）、泣き寝入りするしかない。

立場を変えれば、風評であることを理由にして東電は賠償金支払いをサボることができる。風評は人々が勝手に思い込んでいるだけだから東電の責任ではないと言えるし、その被害の見積もりにははっきりした根拠がないから賠償する義務はないと拒絶できるからだ。そして、誰も責任を負わず、結局泣くのは風評被害を受けた県民なのである。このことを忘れてはならない。

では、風評被害はどうしようもなく、手をこまねいているしかないのだろうか？　むろんそうではない。風評はもともと根拠のない噂なのだから、明確な根拠を示して噂を払拭することで対抗するのである。つまり、消費者が風評に惑わされないために、その商品の「安全」が確信できるよう生産・流通・販売段階の管理の徹底を保障し、さらに「安全」を「見える化」して「安心」感に根拠を与えることだ。こうして「安全・安心を確信した消費者」を増やしていくことによって、風評を追い払うことができる。そのために時間がかかって大変だけれども、そうするしかないのである。「安全」が保障できる根拠を示すために、なすべきことは、

① 放射能汚染の実態を把握し、
② 植物や動物への放射性物質の移行のメカニズムについて学習し、
③ リスクに応じた検査体制と認証制度を確立する、

ことであろうか。

原発事故による風評被害を受けた自分たちが、なぜこんなことまでしなければならないのか、と思われることだろう。そこが風評被害の厄介なところで、「実評」の被害は証明できるが、「風評」には科学的根拠がないことを、自分たちが科学的に立証しなければならない。それができない間は、風評被害を受け続けることになる。原発から離れているからといって風評被害は他人事ではないことを肝に銘じておくべきである。

消費者の立場に立ってみよう。放射能汚染はたいしたことはないとして福島

産の産物を分け隔てなく買っている消費者であっても、「まだ福島のものは危ないのよね」と言われ、同じものが他の県から売り出されていたら、おそらく他県産を買うだろう。風評はかつて受けた古傷のように蘇るのである。「いや、福島のものも、今はもう安心できるから」と消費者の誰もが言えれば、風評を無視できるようになる。そんな消費者を増やすためには、先の①〜③を根気よく続けるしかない。風評被害は国や県に頼っても、形式的な安全宣言を出すだけで何の効き目もない。行政は安全宣言することで終結させたことにしたいからだ。現場の生産者の科学的な対応が決定的なのである。原発を容認するとは、そこまで覚悟するということなのだ。

12－2　農業・水産業・商工業

個々の業種について詳しい状況を知っているわけではないから詳細な議論はできず、大まかな感想しか述べられない。ここでは福島の原発事故が起こってからの変化や問題点を摘出しておきたい。新潟県民にも重要な示唆となると思うからである。

(a) 農業：農作物による市場構造の差異

新潟県は米どころであり、その地位は今の状態が続く限り簡単には揺らぎそうにない。むろん、地球温暖化によって米の産地が北へと移動しており、新潟県がコシヒカリに代表される米の主生産地として消費者に支持されるのがいつまで続くのか、それは定かではない。実際、2023年は酷暑の夏で雨不足もあって、一等米が大幅に減少したそうで心配である。さらに柏崎刈羽原発で事故が勃発して、局所的であっても放射能汚染が起こったとすれば、いかなる状況が生じるであろうか？　むろん、先に述べた風評被害は当然覚悟しなければならない。それだけでなく、農業生産の形態に大きな変化が起こる可能性があることも予想され、はたしてそれを乗り切れるかという、深刻な問題を突きつけられるであろう。

福島の経験によれば、季節性作物・果樹園芸作物は比較的元に戻りやすいという。原発事故が起こってから数年は放射能汚染のために出荷停止になり、出荷可能になっても価格が戻らず、大きな被害を受けたのは事実である。しかし、それ以後は検査を完璧にして安全性が目に見える表示をし、消費者が安心感を獲得するよう努めた結果、割合早く生産・消費を回復することができたそうだ。野菜が中心の季節性作物や果樹などの園芸作物は、栽培と収穫・販売・消費の時期が決まっていて、放射能汚染の状況が年々更新されたこともあり、風評がいつまでも続くということにはならなかったのである。作物生産や出荷時季が限定されていて、時期を失しない的確な検査体制を組み合わせたことが功を奏したのだ。

これに対して、米・畜産品などの貯蔵性作物はそうはいかない。これらは通年取引が主で、他の産地との質の競合で価格差がつき、長年販売が多い。福島事故の後、放射能汚染を心配して福島産米としての供給や生産がいったん途絶え、そのまま数年間元に戻らない。これまで培ってきたせっかくの産地ブランドの名声・知名度が失われ、市場評価が下落してしまうのだ。通年性の作物であればこそ安定的な販路の確立が必要で、いったん販路を獲得すると長期に継続する。逆に、原発事故でいったん販路を失うと、その回復は容易ではない。長期売買契約を他の産地に取られてしまうからだ。厳密な検査を継続して行い、ようやく福島産米が復権しつつある。

穀倉地帯である新潟で放射能汚染が起これば、被災地として同情を呼んでも、食の安全に対する強い不安感が呼び起こされ、市場評価が大きく下落することは確実である。少なくとも、当分の間は新潟の米は避けるに越したことはないと、どの消費者も考えるだろう。その結果として、市場での消費・調達構造が変わり、別の産地に取って替わられてしまう恐れがある。コシヒカリの名産地である魚沼は、柏崎刈羽原発から遠く離れていて放射能汚染を受けることはないといっても、新潟県産ということで拒否される可能性もある。せっかく築いてきた魚沼産コシヒカリの令名が消えてしまいかねないのだ。

そうすると、新潟として新たなマーケットを開拓しなければならない。米のような一年を通じて一定の消費がある商品は、買い入れ先を固定して何年か先まで契約することが普通である。売る方もいったん確保した販路を簡単に手放そうとはしない。だから、一度評判を落とすと、新たな商品を開発し、販売法を練り直し、産地の特性が見えるような工夫をして売り込まねば回復しない。コシヒカリは今や全国どこでも作っているから、かつてのネームバリューだけでは勝てなくなる。放射能の被災地というハンディを背負うからだ。つまり、農業県としてのこれまでの実績が生きず、ゼロ（いやマイナス？）からの出発を強いられるのである。優秀であった福島県の農業が、回復したとはいえ、まだ苦闘が続いていることを銘記しなければならない。

(b) 水産業：海水汚染

福島原発事故による海の放射能汚染は長引くことになった。汚染水の海洋投棄が2023年8月24日から始まり、今後40年以上継続することになったからだ。これによる海水の汚染そのものは実際にはほとんどなくても、そこから獲った魚介類は汚染されているかもしれない、との消費者の疑心暗鬼が風評となる可能性がある。そのため、操業自粛を続けて回復していた漁業者が、大きな打撃を被り続けることになりかねない。海は広大で少しくらい汚しても海水で薄めてくれるとの意識は、意外にも簡単に覆るからだ。

事故を起こした福島原発では、核反応で生成されたストロンチウムやキセノンなどの重元素やトリチウムなどが、損傷した圧力容器、そして格納容器から冷却水とともに流れ出し、地下からの湧き水と混じって大量に汚染水として海に流れ込んだ。その後、「汚染水」はALPS（多核種除去設備）と称する放射性物質を除去する装置を通しているので東電は「（ALPS）処理水」と呼び、タンクに溜めるようになった。実は、ALPSの放射性物質の除去作用（フィルターを通す）は完全でないためストロンチウムなど放射性元素がまだ残っている。それに加え、発生した放射性物質であるトリチウムは普通の水と分離することができないから、処理水には放射性物質が完全に除去されているわけではない。しかも実は、汚染水の一部がタンクを経由せずに直接港内に流れ込んでいるようで、それが混じった海水で処理水を薄めている。つまり、処理水に放射性物質が含まれた海水を混ぜて海水放出しているのである（第16図）。

もはやタンクを設置する場所がないとの理由で海洋投棄をし始めたのだが、現地を見た私はまだ設置場所が多く残っていることを確認した。福島と同様、

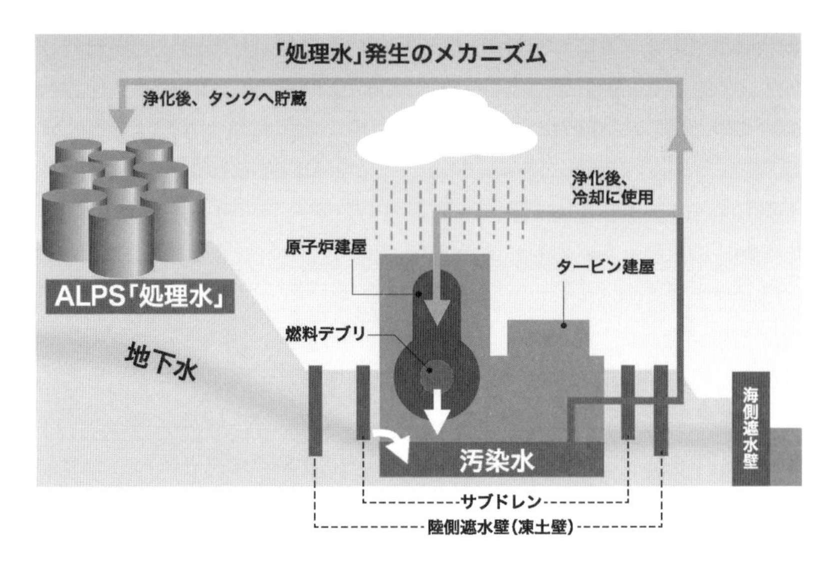

第16図　「処理水」発生のメカニズム

注：サブドレンは建物近傍の井戸
出典：認定特定非営利活動法人FoE Japanホームページ「原発／【Q&A】ALPS処理汚染水、押さえておきたい14のポイント」（https://foejapan.org/issue/20230801/13668/）より

原発が設置されている柏崎市・刈羽村の海岸地帯も地下水が豊富な場所で、日常的にドレイン（排水用井戸）によって地下水が一定になるよう、絶えず海に汲み出し続けている。それを行わないと水の分布が不均等になり、原子炉が水圧で傾く危険性があるからだ。現在は機械的に行っているが、福島と同じような事故が起これば、効果的に排水を行う難題が降りかかり、福島に劣らず汚染水問題は深刻になるだろう。他人事ではないのである。

海水中では、

プランクトン ➡ 小さな魚 ➡ 中くらいの魚 ➡ 大きな魚へという食物連鎖

によって放射性物質が濃縮されていく。一方、海の底で長く暮らす魚は、沈殿してきた放射性元素を多く含んだ藻や死魚を食べるので、表層を泳ぐ魚に比べて含有放射性物質が多くなる。さらに陸上と同様、海にも水流の淀み点や滞留点である「ホットスポット」が存在し、そこに放射性物質が集積しやすい。その場所は一般に栄養分も豊富で、餌を求めて魚が寄って来る場所である。したがって、そこで放射性物質が濃縮される割合も高く、海洋では単純に放射能が薄まるというわけではないのである。

地元漁協は、魚介類の放射線量を測定するための試験操業のみに限って一般漁獲を禁止し、ようやく放射線量が検出限界以下になったものから出荷し始めていた。そして、いよいよ本格操業に移ろうという段階になったところであった。福島の魚は危ないとの風評被害が収まってきていたのだ。ところが、汚染水の放出問題が起こり、再度風評に曝される危険性がある。漁業者たちが怒るのは無理のないことと言える。

いったん評判を落とすと回復するのは大変である。近くの風評のない漁場からの水揚げに取って代わられるからだ。そこで、風評被害を払拭するための安全の証明（先に述べた農産物と同じ）を地道に行い、それを見える化（可視化）し、あるいは言語化して宣伝する、という作業を積み重ねねばならない。高齢者が多くなっている漁業界において、はたしてそのような作業を続けていく体力があるだろうか。いったん原発事故が起これば、漁業界に深刻な打撃を与えることは明白である。

(c) 商工業：格差の拡大

福島事故が起きて、地元商工業において露わになったのは、地域間・業種間・企業間の格差が増大したことである。業種によっては、熟練労働者が退職して仕事の継続が困難になり、廃業せざるを得なくなってしまった。それに対し、未経験者を雇用して育成しようにも若手人口が不足し、結局立ち行かなくなった地元企業が多い。避難によって若者が戻らなくなり、仕事はあるのだが労働人口が不足するという新たな矛盾も生じている。さらに、避難によって人口が大きく減少して元に戻らず、そんな状況が長く続いて病弊し廃業が増えた地域も多くある。地域がもともと抱えていた矛盾が原発事故によって顕在化して拡大し、倒産が加速した側面もある。

他方で、政府の復興政策として「福島イノベーション・コースト構想」という名称で大量の国家資金を投じ、公的な研究機関や試験研究所、企業研究所や企業団地などを誘致しようとしている。しかし、それが真の地域再建や復興となっているかと言えば、疑問が多い。イノベーションの最先端を行くことを看板にしているから地元企業の技術水準では間に合わず、結局のところは中央の大企業が果実を独占してしまうからだ。地元企業はせいぜい下請け（さらに下請けの下請け）に甘んじなければならず、下手をすれば輸送とか清掃とか廃棄物処理とかの３Ｋの仕事しかありつけず、当然ながら技術開発の恩恵が受けられない。「イノベーション・コースト構想」によって中央への隷属化が加速されていくのである。

その構想の一環として「（福島）国際研究教育機構」が提案され、特別の法人として認可されて2023年春に発足した。国際産学連携拠点形成として、ロボット（ドローン）、農林水産業、エネルギー、放射線科学・創薬医療、原子力災害の5つの分野の研究教育を推進するとの看板を掲げている。原発事故とイノベーションと福島の復興・再生とを結びつけるために、1000億円もの基金を準備していると言われている。しかし、そもそも学問的基盤（受け皿）もなく、取ってつけた促成の作り物という感がある。事実、ロボット・エネルギー・放射線と並んでいることから、核に絡む軍事利用を中心にした、アメリカのロス・アラモス研究所のようなものになるのではという危惧も持たれている。現に、イノベーション・コースト構想のためとして、アメリカの核開発の拠点であるハンフォードに地元の人々を引き連れて視察に出かけている。気がつけば、地元からの雇用はほとんどなく、産軍学連携の秘密研究の拠点が作られたということになりかねない。

中央への隷属化の問題は、被災地に生じる「負のスパイラル（連鎖的悪循環）」という難問と強く結びついている。それは、

① 震災が起こると住民は、いかなる業種であろうと家業を放って避難しなければならない、
② それによって主に比較的若い人間が流出し、高齢者は取り残されて高齢化が加速される、
③ 人口減が起これば需要減少につながり、経済が衰退してますます人材が流出する、

④ その結果、リーダーが不在となって、起業は停滞し廃業が加速する、
⑤ 事業体が減少すると人の需要がなくなり、人口減と高齢化がいっそう加速される、
⑥ その帰結として集落が消滅し、過疎化がますます進行する、

という悪循環である。

むろん、政府の復興政策による大型投資でハコモノが作られ、都会から人を移住させて人為的な形での都市の形成が行われるだろう。しかし、その場合、地域（地場）産業は育たず、都会からの非被災者（勤め人）の流入はあるが腰かけが多くて定住しない。他方で地元の被災者は適職がなく「流出」一方となる。つまり「生活と生産の分離」、そして「被災地と非被災地の分断」となってしまうのである。端的に言えば、放射能事故を起こして地域社会を破壊し、そこに住む人々を追い出し、都会がその地域を合法的に、かつ安上がりに占領していく、という筋書きなのだ。まさに「惨事便乗型資本主義」である。そして利用し尽くすと、そこから撤退して後には荒地が残るのみ、ということになるのではないか。

原発事故が起こってからの地域社会（農業・水産業・商工業）の変貌を想像すると以上のようになるのだが、これは考え過ぎなのだろうか。

12－3　周辺自治体職員の問題

柏崎刈羽原発の地元である柏崎市・刈羽村についてはすでに論じたので、ここでは原発立地自治体でなく、原発周辺自治体の職員の問題を論じよう。

原発事故が起こったときに、住民はなんと言っても自分が居住する地元自治体を頼りにする。県や国からのお達しは地元自治体を通じて知らされるからだ。また、地域の円滑な行政には役場職員と住民との間の日常的な接触が欠かせず、その結びつきが原発事故のような緊急事態においては特に重要になる。実際、緊急事態になると自治体職員は住民に避難の指図をしなければならず、住民との間の信頼関係が結ばれていなければスムースな避難は期待できない。その意味で、原発基地の周辺自治体職員は、その役割の重要性をしっかり自覚

しておかねばならない。

原発の周辺自治体（特にUPZ地域）は、本来自分たちの責任ではないはずなのに、防災体制を万全に整備しなければならない義務と責任を負わされることになった。防災・避難の専門部署を設置させられ、担当職員は事業者からの情報を住民に発信するとともに、「地域防災計画」と「住民避難計画」の立案・検証・訓練を行わねばならなくなった。具体的には、内閣府防災局がマニュアルを提示して予算を補助し（予算を無理やり押し付けられるのでやらねばならない）、自治体は「原子力防災対策」と「原子力災害時における住民避難計画」を策定し、「事前対策・緊急事態対策・中長期対策」の作成・点検・更新を行わねばならない。そして毎年1回開かれる「地域原子力防災協議会」において点検されるのだ。すぐそばに原発があるわけではないUPZの自治体の場合、職員は、さて何のため、誰のための協力なのか、疑問を持たざるを得ないだろう。何事も起こらない平穏な状態が続くと、だんだん手抜きをするようになるのも無理はない。

ところが、いざ原発事故が勃発すれば、今度はとたんに業務過多になる。県からの指令を待ちながら、住民に屋内退避か、避難すべきか、風向きや天候を勘案して住民に指示しなければならないからだ。時々刻々と放射性物質が拡散するから、その情報をも的確に追跡していなければならない。やがて原発立地自治体（PAZ）からの避難住民が流入してくる。かれらから原発事故の恐怖を聞かされると、住民は安閑と屋内退避しておれるだろうか。職員の指示に逆らって避難しようとする動きになるのではないか。

そうするうちに、多数の人間の流入・流出という大移動が起こり、原発から少しでも遠い地域を避難先として押し寄せようとするだろう。ところが、避難先となっているUPZ外の住民は、まだ事故がどう展開するか十分にわからない段階だから、はたして避難民を受け入れる気になるだろうか。自分たちだって、どうすべきかわからないのである。協定を結んでいるからといって、住民に避難者の受け入れをすべきことが十分理解されているわけではない。協定は首長同士の、せいぜい議会での覚え書き程度でしかないからだ。特に配慮すべきなのは、避難元で病院や施設にいる病人や高齢者を疎開させるかどうかであり、逆に避難先ではそれらの人々を受け入れて世話をすることができるかどうかである。避難元・避難先の各々が異なった難問に直面し、双方の自治体職員の肩にかかってくる。

福島事故の際、甲状腺がんに効果的なヨウ素剤の配布・服用について、自治体職員に大きな混乱があった。まず、ヨウ素剤の配布状況が明らかでなく、いつ誰の指令で配布し服用させるかについて曖昧なままであったから、自治体ごとに大きな差が生じた。県からの指示を待ってヨウ素剤を配布しなかった自治体、県からの服用許可が出なかったので配っても飲ませなかった自治体、放射性物質を多量に含んだプルームが近づいていることに気づいて、県の指示を待たず職員の判断で住民に飲むよう指示した（三春町のような）自治体もあった。ヨウ素剤の服用が必要とされる事態をまったく想定していなかったため混乱が引き起こされたのである。そのことから学んで、新潟ではヨウ素剤の取り扱いについて、PAZでは事前配布しておき、UPZも可能な限り事前配布するという手はずを整えることになっている。だから、いざという場合の服用はスムースに行われるはずだが、本当に実施できるであろうか。

一般に、自治体は上位組織である県からの「指示待ち」の姿勢が身に付いている。「地方自治」の精神がほとんど失われているためで、住民のためを考えて最善の判断を下す習慣を失っているのだ。県も上意下達を当然と思っていて、上の三春町の自主的判断に罰則を加えるべきとの意見が県から出たそうである。これこそ何のための地方自治か、その精神がわかっていない好例だろう。特に緊急時においては、現場の決断と果敢な行動が決定的に重要であり、自治体職員にはそのような自立した精神が求められる。このことを強調しておきたい。「住民のための職員である」ことこそ地方自治の原点ではないだろうか。

原発のテロ・戦争対策について

2001年の9・11米同時多発テロが発生したとき、旅客機4機がハイジャックされた。2機が世界貿易センターのツインタワーに激突して2つを完全破壊し、別の1機がペンタゴン本庁舎に激突して爆発した。さらにもう1機は、ワシントンDCにある政治中枢の議会か、大統領が執務するホワイトハウスを狙ったと思われるが、乗客の活躍があってピッツバーグ郊外で不時着した。この事件によって、もしもテロ集団が航空機を乗っ取って原子炉に激突すれば、放射性物質が大規模にまき散らされてパニックが引き起こされただろう、との恐怖が語られた。原発への攻撃の可能性が浮かび上がったのだ。そして、それが現実化しかねない状態が引き起こされた。2022年2月24日に勃発したロシアのウクライナ侵攻である。事故を起こしたチェルノブイリ原発と稼働中のサポージア原発をロシア軍が占領し、原発破壊を脅迫する事態が生じたのだ。その後、曲折はあるものの、いつ過酷事故が勃発しても不思議ではない事態が継続している。戦争の武器として原発を使用しかねないのである。原発のテロ・戦争対策について避難委員会で議論されたが、ここではそれと重ならない範囲で、考えておくべき点を述べておこう。

13−1　原発の安全管理の死角

(a) テロ・戦争への対処

21世紀に入って、原発を所有し稼働させている各国は、原発のテロと戦争への対策を真剣に考えざるを得なくなった。天災のような自然現象によって生じる事故では、ある程度どのような障害が発生するか見当がつく。しかし、テロや戦争のような人為的作用で生じる事態では、原発災害がどう発生し、どう推移していくか、まったくわからない。したがって、あらかじめ対策を立てるのが困難である。テロの場合、テロ集団の行動をアレコレ推理して防御策を講じることは可能と思うかもしれないが、そうではない。

例えばテロ対策として、旅客機（ミサイル）が激突しても破壊されない頑丈な容器に入れた原子炉とする、原子炉の破壊が起こった場合に直ちに核反応を停止させ、格納容器スプレイや炉内注水などで暴走を防ぐ制御容器（コアキャッチャーなど）を設置する、格納装置を二重にする、などの方法が提案され（ヨーロッパでは一部実行され）ている。といっても、武器を携行したテロ集団が原子炉敷地内に侵入して中央制御室を乗っ取り、原子炉から制御棒を引き抜いて核反応暴走させ、原子炉爆発を誘発する、というような手荒な襲撃（自爆）を敢行するともはや阻止できないことは明らかである。

ましてや、勝利するためにはいかなる手段をも動員する戦争となると、前もって防御のための軍隊を待機させておいても意味がない。いくら多数の軍隊で原発を守備しても、空からのミサイル（やドローン）の集中攻撃を受ければお手上げであるからだ。実際、ミサイルを原子炉に激突させると原発は暴走して核爆発を起こす可能性があり、防御側にとって対処のしようがないのが現実である。そもそも原発へのテロ攻撃や戦争は確率計算ができないからだ。

といっても、原発の事業者や規制委員会としては、テロ（や戦争）に対してまったく無防備というわけにはいかない。しかるべき対策を講じ、テロを排撃できる体制を組んでいることを示さなければ、社会の信用が得られないからだ。そして、その防御体制が成功しなかった場合は、仕方がないということにできる。こういう建前だから、テロ対策は規則として基準は作るものの、本質的には事業者の取り組み次第ということになる。というのは、テロ対策はテロリストに知られてはならないとして「秘密厳守」とするから、実際にどのような対策・措置・手立てが採られているか（採られていないか）事業者以外にはわからないからだ。テロ攻撃の確率が高いと判断すれば、厳格な防御対策を講じるだろうし、その確率が小さいと見積もれば、わざわざほとんど起こらない危険性に対して金をかけてまで設備を整えることもない。そして、その判断も「核セキュリティ」だとして秘密のままにしておけるのである。規制委員会も大っぴらにテロ対策についての規制基準を公表できない。ここに、原発のテロ（戦争対策）の最大の弱点（死角）がある。

つまり、実際に採られているテロ対策の内容をオープンにすれば、テロリストたちはその仕組みを研究して弱点を洗い出し、そこに攻撃を集中するだろう。その場合、せっかくの対策が無意味になってしまうから、オープンにすべきではないということになる。当然である。となると、テロ対策は事業体である電力会社だけしか知らないことになる。電力会社は、あたかも充実した対策を講じているかのように言いつつ、実際には手抜きだらけということになりかねない。そもそも実際の対策がどうあるべきかについて合意がなく、公開されてもいないのだから、テロ対策の監理そのものが当然緩くなる。それに応じて実際に採られる対策も疎かになるのが必然だろう。東電の核セキュリティに関連した核物質の扱いが杜撰であったのはその一例に過ぎない。また検査ゲートの装備の故障を放置したまま、長い時間気づかれずにいたという事実を見れば、この推測が当たっていたことがわかる。

そして、実際にテロが起こってしまったら、想定外で対処不可能であった、だから仕方がないという言い訳・口実にできる。何しろ無法なテロ集団なのだから防ぎようがないではないか、ということになる。そう考えれば、テロ対策に費用をかけるのは無意味であるとして、サボっている可能性が高い。皮肉にも、これは電力会社にとって、「正しい」対処である。テロは起こらないのが普通であり、いかなる手立てを講じても防止できないのだから、真剣に考えて費用をかけても意味がないからだ。

(b) 規制の虜

福島原発事故に関する国会事故調査委員会が、原発の安全性を監視するはずの経済産業省の原子力安全・保安院が「規制の虜」に陥っていたと指摘した。アメリカでも生じたregulatory captureで、政府が課す規制に対して、その遵守の主導権を「規制する側（安全・保安院）」ではなく「規制される側（東電などの事業者）」が持っていたことを指す。権力の逆転現象で、経済界においてよく見かけると言われる。「規制の虜」の一形態がテロ対策にあった。最初、東電が核セキュリティ上の問題であるとして、テロ対策の非公開にする項目を勝手に決める。このように先手を打って安全・保安院が介入できないようにし、規制の網をかいくぐったのである。いかなる規則であっても、そこに秘密事項が存在してマル秘にすると、やがていろんなことを恣意的に秘匿する（何でも秘密にする）ことになる。さらに拡大解釈して（何でもこれに結びつけて）、数多くの項目を検査対象から外すことになっていく。「規制対象事項」を規制される側が一方的に決め、規制する側はそれに従うのが通例になっていくのだ。

実際、原発に絡んで核物質・核防護という秘密保持義務があるのだが、自治体に知らせる義務がなく、検査対象からも外されているから、そのうちに関連する問題をも検査しなくなる。その方が検査をする側も楽だし、誰も内実を知らないのだから問題も起こらない。このようにして手抜きが拡大していく（「手抜きは手抜きを呼ぶ」）。テロ対策が秘匿事象であるという死角が「規制の虜」を通じて徐々に拡大し、テロ問題だけでなく、日常の安全点検までもが疎かになっていくのである。

13−2　テロ対策の実際

日本の原子力規制委員会が提示しているテロ対策はたった1つで、「特定重大事故等対処施設（特重施設）を原子炉建屋とは離れた場所（例えば100m以上）に確保するか、故意による大型航空機の衝突に備えて頑健な建屋に収納すること」である。そして、特重施設をどこに設置するかは秘密としている。テロリストに所在を知られてはならないというわけだ。しかしながら、原子炉施設に押し入って中央制御室を乗っ取り、原子炉を暴走させようと画策するテロ集団であれば、当然特重施設の位置や警備体制などを前もって調べ状況を把握しているだろう。だから、わざわざその所在を秘密にする必要はないと言える。私は、むしろオープンにして、そこに重要施設があることを知っている多くの職員の目が注がれている方が安全を保てると思う。さらに特重施設だけでなく、建屋への出入り口、原発敷地への通路、内外の電源をつなぐ電源盤の位置、などもテロリストに知られると危険だとして秘匿されている。それらもテロリストなら、前もってちゃんと現場を偵察して知悉しているだろう。何だか過剰に秘密主義となっているのではないか。

特重施設には、原子炉が緊急事態になっても中央制御室に代わって事故の発生と拡大が防止できる機能が整備され、①減圧操作、②注水操作、③電源供給操作、④格納容器の（フィルター付き）ベント、⑤各種原子炉内の状態（温度・圧力・水流など）の監視、⑥通信連絡、などが行えるようになっている。さらに、格納容器へのスプレイポンプや溶融炉心冷却ポンプなど、原子炉が暴走しないような緊急措置が採れる。まさに中央制御室そのものを遠隔操作することができるわけで、テロ攻撃の際に起こり得る炉心溶融事故防止のための応急対策として、原子力規制委員会が最重要視している施設である。

この特重施設の設置が2013年に規制委員会の新基準に盛り込まれてから、わざわざ電力会社にその建設のため5年間の時間的猶予を与えていた。それでもなかなか電力会社は工事に取り掛からなかった。それどころか、電力会社が連名で期限を守れないと規制委員会に通告していた。電力会社が揃ってサボれば猶予されるであろうと、規制委員会を甘く見ていたのである。規制委員会を「規制の虜」にする魂胆もあったのだろう。ところが、意外にも規制委員会は強硬で、特重施設が完成しなければ原発の稼働を認めないとし、特重施設が未完成の原発の再稼働を許さなかった。規制委員会としては、テロ対策で唯一世間に自慢できる施設なのだから、安易な妥協をしたくなかったのだろう。

アメリカでは、特重施設のような受け身的（パッシブな）措置は採らず、各原発に150人規模の武装した戦闘部隊（軍隊経験がある民間のセキュリティ会社員）が24時間常駐体制で配置されており、レーザー光線を用いた戦闘訓練が定期的に（3年に1回程度）、抜き打ちで行われているそうである。一般人の武器携行が許されているアメリカだから、実力でテロを抑え込む方針なのだろう。「腕力には腕力で対抗する」、いかにもアメリカらしいやり方だが、本当に成功するかどうかはわからない。テロ集団が警備の裏をかこうと画策することは明らかであるからだ。

さて日本において、実際に武器（短銃や機関銃など）を携行したテロ集団の襲撃があったらどう対応するのだろうか？　日本のセキュリティ会社は武器を携行できず、警察か自衛隊しか武器対応ができない。しかも今の日本では、警察であれ自衛隊であれ、武装部隊を常時待機させることは難しい。せいぜい原発敷地周辺や周囲海域を、海上自衛隊や海上保安庁の職員も含む数人の隊員がパトロールする程度が精一杯だろう。それでいいのである。

新潟県の首長に対するアンケートでは、武器を携行した自衛隊員の常駐を求める声が多かった。軍事力による抑止力理論そのままで、日本が軍事国家になることを望む意見が、そのまま原発の警備にまで及んでいることがわかる。しかし、原発の過大な警備は社会の緊張度を強め、警察国家を招来する危険性があるので、私は反対である。

いかにテロ対策をしようと、原子炉にミサイルを撃ち込まれたら万事休すとなるのは確かである。平和外交を徹底してテロに狙われず、戦争に巻き込まれないようにする以外にはない。テロ集団に狙われないよう平和路線（特に外交政策）を貫徹するしかないのだ。その意味では、集団的自衛権の行使のような、同盟国（アメリカ）が他国とテロの攻撃などを口実にして戦争状態に入れば、日本から同盟国に加勢して自衛隊が出撃することを可能とする安全保障政策は危険極まりない。2001年の同時多発テロに見られるように、アメリカを憎悪する国家やテロ集団は世界中に多数存在しており、いざ戦闘状態に入ると同盟国である日本の原発を狙うことになるだろうからだ。

以上のようなテロ（武装）集団の襲撃や「敵国」からのミサイル・航空機・ドローンなどを使った攻撃を「ハードテロ」と呼ぶとすると、海岸辺りに原発が数多く建設されている日本はハードテロには実に脆弱であることを十分自覚しなければならない。原発の存在は、世界が平和であることを不可欠としていることを心に留めておくべきである。

13−3　ソフトテロ

直接原子炉破壊を目指さず、原発周辺機器や制御装置や配管や電気系統などに損傷を与え、原子炉が稼働できないようにする行為を「ソフトテロ」と呼ぼう。上述したハードテロに対し、「ソフトテロ」と呼ぶ行為も想定しなければならない。私たちは「テロ」と言えば、武装テロリストが機関銃を手にして押し入る状況を想像するが、実はそんな手荒なテロは少ないかもしれない。原子炉への直接攻撃ではなく、原子炉建屋外の設備である海水系ポンプ（給水・排水）、熱交換器、緊急用ディーゼル発電機、ディーゼル燃料タンク、電源盤（配電盤）、外部電力の配線などを破壊するテロである。その場合、まず原発の運転を緊急停止させ、その修復に手間取っている間に、手薄になりがちな設備を攻撃するのだ。

このようなソフトテロによって破壊されるのは機器や設備の一部に過ぎないが、例えば、海水系ポンプの損壊次第によっては原子炉が冷却できなくなり、運転が不可能になる。また、その問題への対処次第で、原発の安全対策の三原則である「止める、冷やす、閉じ込める」ができなくなって、重大事故に発展する場合すらある。原発の周辺設備だからといって軽視できないのだ。そこを狙ってのソフトテロは、大掛かりな準備や多数の人間を動員せず、大雪や豪雨の際に夜陰に紛れて密かに少人数で襲撃を敢行すれば成功する。ソフトテロはこっそり気づかれぬよう準備するのが常だから、本式に狙われたら阻止が困難なのである。

また、外部から侵入するテロ集団だけでなく、日常的に原発に出入りする人間が実行する「別のタイプ」のソフトテロもある。電力会社の社員や原発の敷地内で働く労働者・作業員・協力者・警備員・清掃人・物品の納入業者、それに発電所に出入りする規制委員会や県や自治体の職員等もいる。通常は、それらの人々が行動できる領域は、職種・職域・役務・業務に応じて決められており、

① 立ち入り制限区域：民間警備会社の管轄、可搬式発電機や燃料タンクが設置されている、
② 周辺防護区域：警察の管轄、特別遊撃車が配備され、非常用発電燃料タンクや燃料輸送ポンプが設置されている、
③ 防護区域：特別社員の管轄、原発の運転要員しか出入りできず、原発の急所である原子炉・安全系機器・中央制御室がある、

というふうに原発敷地内が厳密に区域割りされていて、各区域の関門を通過するためにはそれぞれ特別のICカードが必要である。それによって各区域に入構できる人間を制限し、それ以外の者をシャットアウトする。つまり、敷地の棲み分けを行うことで、不特定多数の人間がソフトテロを起こすことができないよう管理しているのである。

しかしながら、柏崎刈羽原発で「ICカードの不正使用」事件が起こったように、許可のない人間が偽装して出入りすることが可能であった。また「核物質防護設備機能の一部喪失」事件では、核物質防護のために設けられた関門での検査が、故障あるいは期限切れになっていて機能しない状況が長く放置されていた。核物質管理が杜撰であったことを露呈したのである。いずれも、少しくらい管理上の違反があってもたいしたことにはならない、との警戒心の欠如のためであった。テロ集団は、そのような現場の気分をよく察知し、緊張感が緩んだ時期や箇所を見計らって侵入する。構内で働いている労働者をテロの仲間に引き入れておけば、内情をよく知っているだけに効果的な時機や地点や頃合いが選べ、容易に外部から仲間を引き込んだ破壊活動が行えるだろう。

これに対抗するために、電力会社は一般に原発の敷地内で働く人間を分別し、常に一人一人の行動や動向を把握し教育している。さらに、原発で働く人たちが意思統一して職務を放棄（サボタージュ）したり、何らかの秘密活動を行ったり、というような危険な行動を起こさないよう労働者を日常的に監視している。また、不満を抱かないよう、その地域で働く労働者としては破格の給与を出して優遇している。ただし何重もの下請け構造となっていて、末端の労働者の手取りは少なくなっているのだが、それでも原発立地地域においては豊かに暮らせる金額である。数年で各地の原発を渡り歩く「原発ジプシー」と呼ばれる人々が多くいて、ほとんどが単身だから、原発周辺に宿（旅館やホテル）・コンビニ・スーパー・レストラン・飲み屋・遊興場・病院などを誘致して、暮らしに不満がないよう手配している。電力会社は、労働者が流動することを歓迎しているのである。移動すると累積被ばく線量をゼロにリセットできるから使いでがあるし、個人ごとに分断できるから、かれらが団結してソフトテロを引き起こす可能性を小さくできるのだ。しかし、個別にテロ計画に取り込まれて利用される可能性があることを忘れてはならない。

13−4　サイバーテロ

ソフトテロには、また異なったタイプのテロがある。原発の運転の制御にはコンピューターが不可欠だから、外部からサイバー攻撃を行うという手法だ。

むろん、それに対抗するために、原子力発電所においては原子炉を制御するコンピューターはいかなる（インターネットなどの）外部回線とつなげていない。周囲から完全に切り離されたコンピューターであれば、外部から侵入する経路がないから、いかなるサイバー攻撃も受けないからだ。ハッカーとかクラッカーと呼ばれる人たちは、目的とするコンピューターシステムに侵入してデータやプログラムを破壊したり、データを盗んだりするのだが、そもそも外部との回線を完全に遮断しておれば、かれらからの襲撃を受けないわけである。

しかし、まったく完璧に外部とつながっていないコンピューターは存在しないことも事実である。原発の運転を監視するコンピューターは、正常な運転が行われていることを見張るため、運転中の諸種のデータ（原子炉内の物理状態や運転履歴の記録など）を絶えず収集し、蓄積している。そのために、例えばUSBメモリー（あるいはこれに類する蓄積メモリー）が使われている。このUSBメモリーは、データを収集・蓄積するとともに制御用コンピューターと接続されていて、そのデータは順調に稼働しているかどうかの指標となっている。

そこで、用いる予定のUSBにウイルスを仕込んでおくのである。そうすれば、コンピューターと接続された瞬間に、このUSBから制御用コンピューターにウイルスを感染・発症させ、多数のデータを取得することができる。これを「スタックスネット」と呼ぶそうだが、実際イランの核施設にクラッカーが侵入してUSBにウイルスを仕掛けたのは、この方法だと言われている。

このように、原発のコンピューターシステムは孤立しているかに見えるが、何らかの方法で外部と必ず接点を持たざるを得ない。そうでないと集積したデータをチェックできず、運転状況を監視することができないからだ。そのデータを盗むのである。難攻不落のコンピューターシステムをいかに攻略するかは、ハッカーやクラッカーたちが熱心に研究する標的であり、いつ新たな手法が開発されるか予想もつかない。サイバーテロは事件が発覚した後になって、やっとその攻撃手法がわかるのだが、発覚したときは手遅れというわけである。例えば、虚偽のデータによって安定した運転を行っているように見せかけ、秘かに原発を暴走させるウイルスを仕込んでいるかもしれない。コンピューターは便利で社会を効率化し、社会のあらゆる技術的工程を一変させた。逆に、それを悪用すれば社会をひっくり返すほどの危険性を秘めていることになる。原発はその格好の標的となり得るのだ。サイバーテロは現代社会の脆さを象徴していると言える。

13−5　テロと避難と自衛隊

原発へのテロが起こって原子炉が破壊され、それによって放射性物質の放出・拡散が生じて人々が避難を余儀なくさせられた、という事態に陥ったとしよう。内部事象（機器の故障・不具合・運転員のミスなど）や外部事象（地震・津波・火山爆発など）で生じた場合の原発事故とは異なって、テロリストの仕業となると特別の措置が採られることになる。安全保障の観点から自衛隊が出動して前面に出ることだ。そうなれば、厳しい検問や各人の査問、移動や避難の制限、自由な発言・行動の禁止、というような「緊急事態」が宣言されることは確実である。コロナ禍の状況でさえ、人々の自由を制限することを主張した政治家がいた。安全保障に絡むとなれば多くの国民もそれに同調し、政府が緊急事態を宣言して一気にファシズムとなってしまう可能性がある。

それは考え過ぎだと言われそうだが、国民の総意を踏みにじってでも憲法を改悪したい勢力が国会の多数を占める現状であることを忘れてはならない。そのような人たちには原発推進派が多く、原発がテロに乗っ取られれば「国難」だと怒号して、一気に自由にものが言えない警察国家にしてしまう危険性が高い。テロが引き起こした原発事故だと誇大に宣伝し、その犠牲者の多さをでっち上げて国民の恐怖心を煽るだろう。かれらにとって、原発事故が起こっても「スムースに避難が行われてはならない」ということになる。犠牲者が多く出る方がコトの危険性が強く印象づけられるからだ。またテロを理由にすると、実際に起こったことの真実は隠したまま、ひたすら人々の恐怖心を煽って排他的な心情を強め、「緊急事態宣言」止むなしの気分に追い込める。このような想像を単なる悪夢と受け取ってはならない。原発は、いかようにも利用できるのだから。

私は原発へのテロに関連する事柄は秘密にするのではなく、警備体制を含めすべてをオープンにする方が、かえって安全を保証することになると考えている。秘密事項があることを理由として、電力会社は安全な稼働のための義務すらサボることが常習化していたことを忘れてはならない。最悪の場合、自衛隊が原発へのテロをけしかけ、あるいは自らテロを組織して、日本をファシズムへ追い込んでいく可能性だってある。テロ防止を隠れ蓑にして、自らがテロを実践するというわけだ。ナチスが使った「マッチ・ポンプ」と同様の手口で、クーデターを引き起こすのに原発を利用するのである。このように、原発は、テロを口実とした謀略に極めて簡単に利用され得る、という弱点があることを肝に銘じておく必要がある。

ましてや、戦争という事態になれば日本は危険この上ない。日本列島は大陸の東側にあって上空には常時偏西風が吹いており、冬は日本海からの北風、夏は太平洋からの南風が強い。西部から東部にかけての各地域（九州・四国・中国・近畿・北陸・中部・東海・関東・東北・北海道）の数カ所で原発の過酷事故が生じるだけで、放射能は一気に日本列島全体を覆うことになる。日本は放射能汚染に対して実に脆弱な国なのである。もし戦争が起こって日本の原発に向けてミサイルが集中して撃ち込まれる事態になれば、日本は壊滅状態になるであろうことは目に見えている。2022年12月に出された『国家安全保障戦略』においても、原発の存在を安全保障上の弱点として認めている。それにもかかわらず、反撃能力と称して敵基地攻撃を可能とする戦力を獲得しようというのは、愚の骨頂である。

多数の原発を抱える脆弱な日本は武力に頼ってはならないし、戦争に巻き込まれる悲劇を徹底して避けることに全力を尽くさねばならない。原発がある限り、日本は平和国家であることを放棄してはならないのだ。では、原発を放棄すれば日本は軍事大国（戦争をできる国）になってもいいのか、と問う人がいるかもしれない。私は、「すべての原発を廃炉にし、その後始末を完全に行うためには100年かかるでしょう、それから考えてもいいのではありませんか」と応えたい。原発と戦争は二律背反であって、2つが両立することはあり得ないからだ。

おわりに——教訓と主権者意識

本書を終えるにあたって、蛇足として2点ばかり付け加えておきたい。一つは、福島原発事故は実にさまざまな教訓を残してくれたことである。それは私たちが日常的に生きる上で大事な教えで、特に科学技術の成果とつきあい、利用する上において心しておかなければならない助言である。極めて当たり前のように見えるのだが、それ故にかえって見過ごしている事柄である。じっくり玩味してみる必要があると思って列挙してみた。もう一つは、原発は人々の「自分のことは自分で決める」との主権者意識を奪うことを当然としていることだ。原発の稼働においては、中央政界—県政—自治体行政という政治的上下関係が貫徹し、「中央の（県の）指示待ち」が地方行政の常識となり、私たちは何の疑問もなく受け入れてきた。原発事故のような大事件であっても、「自己責任」として個人のせいにされてさえいる。そうなったことで、人々（特に若者）は政治に関与する意欲を失い、地方がどんどん衰弱している。この事態をしっかり見つめ、県民のための県政を取り戻さねばならない。

(a) 極めて当たり前の教訓

政府事故調の委員長を務めた畑村洋太郎氏と、委員であった安倍誠治氏及び淵上正朗氏による、『福島原発事故はなぜ起こったか』と題する本に書かれている教訓を提示しておこう。私は畑村氏が主張する「失敗学」は原発に対しては適用できないと考えている。その理由の一つは、失敗の克服による技術の進化を求めるだけではなく、失敗によりその技術からの撤退（あるいは放棄）が必要という観点が必要と考えるからだ。「撤退」となると「敗北」であるかのように捉えがちだが、そうではない。人間の存続にとって不要だと判断すれば、保持し続ける必要はなく「放棄」していいのだ。失敗学は、いかなる技術も放棄しない点が重大な欠点であると思っている。

もう一つ、「失敗学」では、当事者である技術者の責任を問わないとしている。一般に、会社に忠節を誓っている技術者たちは会社に責任が及ぶことを畏れて事実の究明に非協力の姿勢を貫き、沈黙・隠蔽・諾否拒否をする。技術的事象であっても企業に迷惑がかかってはいけないと、事実の解明そのことを真摯に行うという責任すら放棄する。会社への忠誠と技術の履行とは本来別個の事柄なのだが、混同されているのだ。日本では技術者としての職業倫理が確立していないためで、個人の責任を追及しないことで真実が明らかになりやすいということにはならないのである。

このような失敗学の問題点はあるが、ここで列挙した畑村氏たちの著書に書かれている教訓は、事業者にとって、技術者にとって、原子力規制委員会にとって、検証委員会にとって、胸に響くことが多くあるのではないだろうか。「極めて当たり前である」が故に、かえって貴重なのである。そして、私たちが原発を見守っていく上で、必要不可欠な視点ではないだろうか。以下には、さらに私が重要だと思い至った教訓も加えており、また私流の表現に改変しているところもあることを承知しておかれるように。

① あり得ることは起こる、あり得ないと思うことも起こる、思いつきもしないことだって起こる。
② 見たくないものは見えない、見たいものは見たいように見える、都合の悪いことは見ようとしないから見えず、見えなければ存在しない。
③ (知見・知識・周囲の環境・社会の考え方など) すべては変わるから固定化せず、変化に応じた対処をいくつも準備しておくべきである。
④ 可能な限りの想定とそれへの十分な準備をしても、必ず想定外は存在するから、これで十分ということには決してならない。
⑤ どんなに調べても気づかないことは残る、人間の考え方自体に必ず欠落があることを自覚すべきである。
⑥ 組織は形だけでは機能しない、仕組みは作れるが、目的は共有されないからだ。
⑦ 有事には横の連携が不可欠で、組織の縦のつながりのみに依存してはいけない。
⑧ 安全文化とは、危険に正対して議論できる文化 (危険を強く認識した仕事)

である。

⑨ 技術者一人一人が自分の意見と考え方を持ち、外部に発信・表明できることが、安全文化の第一要件である。

⑩ 原発事故において、当面の目標3年、地域の復活30年、完全な復活100年であり、この時間差の意味をしっかり把握すべきである。自分が従事する仕事の重さの認識と言ってもよい。

(b) 主権者として中央集権思想から脱する

「自分のことは自分で決める」、それが個人の尊厳の第一歩であり、基本的人権の基礎を成す。「地元のことは地元で決める」、それが地方自治の第一歩であり、中央集権に抗う原理である。「国家のことは国家が決める」、それが主権国家としての第一歩であり、国家の主権が制限される他国との同盟や協定があってはならない。個人—地域—国家へと集団が広がっていくに従って自と他の関係が多様で複雑になるから、ともすれば決定権をより上位の集団に委ねたくなってしまう。その方が楽であるためで、今の日本はそういう状況に陥っている。しかし、それでは個としての自由を失い、個の矜持と責任を放擲することにつながる。私たちは、自らを律し、自らの意志に従い、自らの責任で行動し、自らの決断で事を決する、そのような真の自由人なることを目指すべきなのだが、それが奪われているのである。

新潟県の原子力事故に関する検証総括委員長として5年間、実質的な会議は2度しか行われなかったが、3つの検証委員会には可能な限り傍聴に出かけて議論の進展ぶりに立ち会ってきた。そこで感じたことは、検証委員会の議論の多くは国が決めたガイドラインや指針に忠実であることで、その不合理さやもっと有効な方法を模索するという姿勢が欠けていた。そして、検証委員会自身がシミュレーションを実施したり、現地調査を行ったりすることがほとんどなく、東電から示された資料、原子力規制委員会の議事録、諸団体の調査結果などを引用しての議論ばかりであったから、独自の観点からの分析が弱かったと言わざるを得ない。やはり、検証委員会にある程度の予算が付与され、自らが発議した調査活動があってしかるべきであった。しかし、最初からそのような活動は想定されておらず、そもそも無理なことであった。

この間に目立ったことは、中央政界・財界が経済政策として原発推進を復活させる動きが出てくるや、知事をはじめとする新潟県の官僚は、それを忖度して柏崎刈羽原発の再稼働のための地均しを一斉に開始したことである。検証総括委員会を骨抜きにするよう画策し始めたのもこの頃であった。中央集権体制に囲い込まれることを当然とする体質が染みついているのである。国から支給される地方交付税は、地方自治の実現と地方公共団体の独立性を強化することが本来の目的なのだが、実情は国が地方を従属させる手段となっている。逆に、県にとっての死活の財源だから、その財源を確保するため国に従うのが習い性となっているのである。そのような体質が宿痾となって地方自治の精神がどんどん蝕まれている。私はそのことを今回の経験によって身に沁みて学んだ。

ともあれ、柏崎刈羽原発の再稼働はまだ最終決定にはなっておらず、県民の多くがそれを拒否する意志を示せば、「地方のことは地方が決める」という地方自治の精神を生き返らせることができる。またそれは原発を抱える他の自治体にとっても重要な視点ではなかろうか。本書が、そのような未来を引き寄せるための一助となれば幸いである。

あとがき

本書のもとになった文章は、『池内特別検証報告』（以下、『池内報告』と略す）である。本文に書いたように、私は「新潟県原子力発電所事故に関する3つの検証委員会」の検証結果をとりまとめる検証総括委員長に就任したのだが、何らその職責に見合う総括を行うことができないまま解任されてしまった。そのため、総括委員長であった者の責任として『池内報告』としてまとめたのである。この『池内報告』は、「市民検証委員会」のホームページに、2023年11月23日からPDF版で公開し、誰でも自由にダウンロードして読めるようにした。

これを読んだ人から、ここで論じられている問題は新潟のみにとどまらず、広く原発立地地域や原発問題に関心を持っている人たちの参考になるだろうから、著作物として出版してはどうかと強く勧められた。そこで、本書名を『新潟から問いかける原発問題』として、各検証委員会の報告内容を批判的に紹介するとともに、幅広い視点から原発をめぐる問題点を抉り出すよう書き直すことにした。その作業に約1カ月かけ、明石書店の編集部に持ち込んだのは12月末であった。新潟県民のみではなく、全国の方々にも興味を持って読んでもらうために、一般的な表現となるよう努めた。

実は、その間の約1カ月余りの作業の精神的ストレスが強かったためなのか、私は体調をひどく悪化させていた。起居するたびに立ち眩みがする上に、貧血気味で持久力がなくなり、腰痛がひどくなって歩くのが大変になったのである。そんな状態であったが、たぶん根を詰めたせいだと無理やり気力を奮い立たせて、『池内報告』を本書に改訂する作業に打ち込んだのであった。しかし、ついに我慢しきれなくなり、12月25日に京都府立医科大病院へ駆け込んで精密検査をしたところ、ヘモグロビンの数が異常に減少していることが判明した。直ちに胃カメラで出血している胃潰瘍の箇所を突き止め、直ちに輸血を行って緊急入院をせざるを得なくなった。幸いにも吐血する前に手当てができたので、正月は自宅に戻ることができた。かの夏目漱石が、何度も胃潰瘍で吐血した挙げ句に亡くなったことを思えば、悪化する前に的確な手を打つことができた幸運に感謝する他ない。

私は漱石ほど神経質でないつもりであったが、本書に書いたように、ここ5カ月ほどの間に新潟県内11都市で講演を行い、それと並行して原稿用紙200枚くらいの『池内報告』を書き上げ、その後それを本書用に原稿用紙300枚くらいに膨らませて改訂する、という忙しい毎日を送ってきたため、さすがの私も胃に穴が開きかけていたようなのだ。早期発見ができて、今はほとんど旧に復しつつある。ただ、医者からお酒を禁じられ、お屠蘇は飲めず、もうしばらく我慢しなければならないらしい。

という経過があって、苦労して本書を書き上げたという思い入れがあり、ようやく出版に漕ぎつけられてほっとしたところである。とはいえ、校正を読み返しながら、まだまだ勉強不足であり、内容の繰り返しが多いことを痛感し、内心忸怩たる気分である。それなりに関連書を読んで幅広く原発情報を集めたのだが、福島事故直後から13年後の現在に至るまで、原発に関わる類書が多数出版されており、雑誌の特集やシンポジウムなどでの重要な報告もあって、とてもすべてに目を通すことができない。したがって、本書の記述が古い情報でしかなく、新たに判明した事実が採り入れられていないと、厳しい意見を持たれる方がおられると思うが、その点はご容赦願いたい。今後さらに研鑽を積んで、より根本的に原発問題の宿痾を抉り出し、内容も整理した書をまとめたいと思っている。その意味で、本書は新潟県での経験を足場にした「原発をめぐる問題提起編」だと受け取っていただきたい。

本書が出来上がるまでに多くの人のお世話になった。まず、私が検証総括委員長であった5年余り、一貫して私を叱咤激励するとともに、花角知事との確執について貴重な助言をしてくれた、新潟国際大学教授の佐々木寛氏を挙げたい。彼は政治学者であるが、書斎に閉じこもらずに社会の現場に出かけるという稀有な学者である。実際、米山知事を担ぎ出した張本人であり、新潟県政に対して野党の立場から強い影響力を持つ活動家である。3つの検証の1つである避難委員会の副委員長であり、検証総括委員でもあった。

さらに、3年ほど前から、健康分科会の委員であった獨協医科大学の准教授で、放射線衛生学の研究者である木村真三氏と仲間になった。彼は、福島原発事故直後から放射能汚染の状況を克明に調査する活動を行っていたが、その研究活動が上司に忌避されて調査を中止するよう圧力を受けた。それに怯まず研究を続けたため転職を余儀なくされたという「勲章」を持つ強者である。その実績からわかるように、福島の放射線被ばくの実態を現場から明らかにするという姿勢を貫き、健康分科会でも福島における甲状腺がんの問題について鋭く追及してきた。

この佐々木・木村・池内の3人が、検証総括体制が終了した2023年4月以降、「市民検証委員会」のキャラバンを組んで、新潟県内を行脚して回ったのである。私が検証総括委員会の経緯を講演するとともに、佐々木・木村の両名は会場から出される実にさまざまな質問・疑問に答えるというスタイルであった。図らずも、佐々木氏が政治情勢に関わる問題、木村氏が原発事故に伴う放射線被ばく問題、そして私が柏崎刈羽原発の安全性に関わる問題、という分担が自然にできた。県民の反原発意識に働きかけるという役割を果たせたのではないかと思っている。本書は、かれらとの協力・共闘があったからこそまとめられたと深く感謝している。また、キャラバンやシンポジウムの裏方を全部引き受けてくれた新潟県平和センターの事務局長である有田純也氏に深く感謝したい。

本書を明石書店に持ち込んだのは佐々木氏で、編集部部長の神野斉氏は快く引き受けて編集会議を通し、本書の完成まで細かく面倒を見てくださった。また、本書を丁寧に校閲し、図版を準備していただいた編集者の小山光氏にも大いにお世話になった。お二人に心からの謝意を表する。

2024年1月30日

参考にした文献

『福島原発事故独立検証委員会　調査・検証報告書』福島原発独立検証委員会、ディスカヴァー・トゥエンティワン（2012年）

『福島原発事故10年検証委員会　民間事故調最終報告書』アジア・パシフィック・イニシアティブ、ディスカヴァー・トゥエンティワン（2021年）

『国会事故調　報告書』東京電力福島原子力発電所事故調査委員会、徳間書店（2012年）

『政府事故調　中間・最終報告書』東京電力福島原子力発電所における事故調査・検証委員会、メディアランド（2012年）

『福島原発事故はなぜ起こったか――政府事故調核心解説』畑村洋太郎・安部誠治・渕上正朗著、講談社（2013年）

『徹底検証！　福島原発事故 何が問題だったのか』日本科学技術ジャーナリスト会議編、化学同人（2013年）

『4つの「原発事故調」を比較・検証する――福島原発事故13のなぜ』日本科学技術ジャーナリスト会議編、水曜社（2013年）

『原子力規制委員会――独立・中立という幻想』新藤宗幸著、岩波新書（2017年）

『原子力規制員会の孤独――原発再稼働の真相』天野健作著、エネルギーフォーラム新書（2015年）

『原子力規制委員会の社会的評価――3つの基準と3つの要件』松岡俊二・師岡慎一・黒川哲志著、早稲田大学ブックレット（2013年）

『原発の安全性を保証しない原子力規制委員会と新規制基準』奈良本英佑著、合同ブックレット（2015年）

『規制の虜――グループシンクが日本を滅ぼす』黒川清著、講談社（2016年）

『原発と裁判官――なぜ司法は「メルトダウン」を許したのか』磯村健太郎・山口栄二著、朝日新聞出版（2013年）

『「脱原発」への攻防――追いつめられる原子力村』小森敦司著、平凡社新書（2018年）

『原発プロパガンダ』本間龍著、岩波新書（2016年）

『原発を阻止した地域の闘い 第一集』日本科学者会議編、本の泉社（2015年）

『原発の安全基準はどうあるべきか』原子力市民委員会著、原子力市民委員会特別レポート（2017年）

『原発ゼロ社会への道 2017――脱原子力政策の実現のために』原子力市民委員会著、原子力市民委員会（2017年）

『原発ゼロ社会への道 2022——「無責任と不可視の構造」をこえて公正で開かれた社会へ』原子力市民委員会著、原子力市民委員会（2022年）
『原発はどのように壊れるか——金属の基本から考える』小岩昌宏・井野博満著、原子力資料情報室（2018年）
『調査研究報告書　人権の視点で考える震災』静岡県人権・地域改善推進会（2021年）
『東電原発事故10年で明らかになったこと』添田孝史著、平凡社新書（2021年）
『福島が沈黙した日——原発事故と甲状腺被ばく』榊原崇仁著、集英社新書（2021年）
『証言と検証 福島事故後の原子力——あれから変わったもの、変わらなかったもの』山崎正勝・舘野淳・鈴木達治郎編、あけび書房（2023年）
『3.11 大津波の対策を邪魔した男たち』島崎邦彦著、青志社（2023年）
『科学』岩波書店、2020年No.7, No.11, No.12、2021年No.3, No.6, No.7, No.9, No.11、2022年No.4
『学術の動向』日本学術振興財団、2021年No.3
『日本の科学者』日本科学者会議、2020年No.7、2021年No.7
『No Nukes　まちの便り』2019年1月号
『ヒバクと健康』2021年5月号

■著者紹介

池内　了（いけうち・さとる）

1944年姫路市生まれ。名古屋大学・総合研究大学院大学名誉教授。1967年京都大学理学部卒業、1972年京都大学大学院理学研究科博士課程修了、1975年京都大学理学博士。京都大学理学部助手を皮切りに、北海道大学理学部・東京大学東京天文台・大阪大学理学部・名古屋大学理学研究科を経て、総合研究大学院大学教授・理事の後、2014年3月に定年退職。九条の会世話人、世界平和アピール七人委員会委員。著書に、『科学の考え方・学び方』（岩波ジュニア新書、1996年）、『寺田寅彦と現代』（みすず書房、2005年、新装版2020年）、『科学者と戦争』（岩波新書、2016年）、『物理学と神』（講談社学術文庫、2019年）、『江戸の宇宙論』『江戸の好奇心』（いずれも集英社新書、2022年、2023年）、『姫路回想譚』（青土社、2022年）他多数。

新潟から問いかける原発問題
——福島事故の検証と柏崎刈羽原発の再稼働

2024年4月20日　初版第1刷発行

著　者　池　内　　了
発行者　大　江　道　雅
発行所　株式会社　明　石　書　店
〒101-0021 東京都千代田区外神田6-9-5
電　話　03（5818）1171
ＦＡＸ　03（5818）1174
振　替　00100-7-24505
https://www.akashi.co.jp/
装　丁　清水　肇（プリグラフィックス）
印　刷　株式会社文化カラー印刷
製　本　協栄製本株式会社

（定価はカバーに表示してあります）
ISBN978-4-7503-5757-7

新装版 人間と放射線 医療用X線から原発まで
ジョン・W・ゴフマン著 伊藤昭好、今中哲二、海老沢徹、川野真治、小出裕章、小出三千恵、小林圭二、佐伯和則、瀬尾健、塚谷恒雄訳 ◎4700円

新版 原子力公害 人類の未来を脅かす核汚染と科学者の倫理・社会的責任
ジョン・W・ゴフマン、アーサー・R・タンプリン著 河宮信郎訳 ◎4600円

〈増補〉放射線被曝の歴史 アメリカ原爆開発から福島原発事故まで
中川保雄著 ◎2300円

放射能汚染と災厄 終わりなきチェルノブイリ原発事故の記録
今中哲二著 ◎4800円

放射線被ばくによる健康影響とリスク評価
欧州放射線リスク委員会(ECRR)2010年勧告
欧州放射線リスク委員会(ECRR)編 山内知也監訳 ◎2800円

子どもたちのいのちと未来のために学ぼう 放射能の危険と人権
福島県教職員組合放射線教育対策委員会、科学技術問題研究会編著 ◎800円

原発被曝労働者の労働・生活実態分析
原発林立地域・若狭における聴き取り調査から
髙木和美著 ◎5500円

福島原発と被曝労働 隠された労働現場、過去から未来への警告
石丸小四郎、建部暹、寺西清、村田三郎著 ◎2300円

福島復興の視点・論点
原子力災害における政策と人々の暮らし
川﨑興太、窪田亜矢、石塚裕子、萩原拓也編著 ◎8000円

黙殺された被曝者の声 アメリカ・ハンフォード 正義を求めて闘った原告たち
世界人権問題叢書 113 トリシャ・T・プリティキン著 宮本ゆき訳 ◎4500円

核時代の神話と虚像 原子力の平和利用と軍事利用をめぐる戦後史
木村朗、高橋博子編著 ◎2800円

資料集 市民と自治体による放射能測定と学校給食
チェルノブイリ30年とフクシマ5年の小金井市民の記録
大森直樹監修 東京学芸大学教育実践研究支援センター編 ◎3000円

フランス発「脱原発」革命 原発大国、エネルギー転換へのシナリオ
バンジャマン・ドゥスュ、ベルナール・ラポンシュ著 中原毅志訳 ◎2600円

東日本大震災を分析する1・2
平川新、今村文彦、東北大学災害科学国際研究所編著 ◎各3800円

原発と闘うトルコの人々
反原発運動のフレーミング戦略と祝祭性
森山拓也著 ◎4000円

原発危機と「東大話法」 傍観者の論理・欺瞞の言語
安冨歩著 ◎1600円

〈価格は本体価格です〉